Riemannin zeta-funktio

Selitys hypoteesille ja nollakohtien synnylle

Jukka Kuisma

BoD - Books on Demand

Kustantaja: BoD - Books on Demand GmbH, Helsinki, Suomi
Valmistaja: BoD - Books on Demand GmbH, Norderstedt, Saksa
ISBN: 978-952-339-422-3

Sisältö

Sisältö

Esipuhe

Riemannin zeta-funktio ei paljasta salaisuuksiaan helpolla, kuten varmastikin kaikki sitä tutkineet ovat joutuneet toteamaan. Laajasta yli vuosisadan jatkuneesta tutkimustyöstä huolimatta yksi sen merkittävimmistä ominaisuuksista, Riemannin hypoteesi "kaikkien zeta-funktion epätriviaalien nollakohtien reaaliosa on puoli" [1, s. 138] on yhä todistamatta.

Omalla kohdallani on vaatinut vuosien harrastustyönä tehdyn pohdiskelun ja tutkimisen, ennen kuin voin sanoa ymmärtäväni tuon funktion toiminnan pääpiirteissään. Tähän on tarvittu monia tavanomaisen ajatusmallin laajennuksia, sekä useita hitaasti kirkastuneita oivalluksia, joista olennaisimpia ovat olleet:

- alkuluvulla jaollisten pisteiden määrä -funktion muuntaminen jatkuvaksi funktioksi

- alkulukujen potensseilla jaollisuuden tarkastelu alkuluvulla jaollisuuden sijaan

- edellä mainitun jaollisuustarkastelun laajentaminen alkulukujen reaali- ja kompleksilukupotensseihin

- osafunktion $f(s) = p^s$ toiminta zeta-funktiossa, ja $f^{-1}(s) = p^{-s}$ toiminta sen käänteisfunktiossa

- oivallus siitä, mitä zeta-funktio ja sen käänteisfunktio laskee

- oivallus siitä, mitä eeta-funktio laskee

- oivallus siitä, miksi suora $x = 1/2$ on erityisasemassa zeta-funktion määrittelyjoukossa

- oivallus siitä, miten zeta- ja eeta-funktion nollakohdat syntyvät.

Näiden pohjalta rohkenen väittää Riemannin hypoteesin olevan tosi. Pyrin tällä teoksellani esittelemään miksi näin on, ja miten nollakohdat syntyvät. Edellä luetellut oivallukset esiintyvät tekstissä suurin piirtein tuon listan mukaisessa järjestyksessä.

Tässä tutkimuksessa olennaista on zeta-funktion toiminnan oivaltaminen uutta näkökulmaa käyttäen, eikä siinä käytetä vaativia matemaattisia menetelmiä. Tulokset pyritään esittämään kaikille asian harrastajille sopivassa muodossa, ja teoksessani korostuu runsas kaavioiden käyttö sekä sanallinen kuvaus. Työni pyrkii olemaan eräänlainen uusi polku läpi tuntemattoman metsän, jonka päälle voidaan luoda myöhemmin sileä tie formaalimman matemaattisen kuvauksen keinoin.

Esittämäni lähdeviittausten määrä on pieni. Tämä johtuu siitä, että en ole vielä löytänyt muualta juurikaan kirjallisuutta, joka käsittelisi omia havaintojani. Mikäli syynä tähän on oma tietämättömyyteni alan kirjallisuudesta, pyydän tätä nöyrästi etukäteen anteeksi, ja pyrin parhaani mukaan lisäämään asiaan kuuluvat lähdeviittaukset.

Jukka Kuisma
jukka.kuisma@live.fi
Lahti, Suomi
lokakuussa 2016

Tiivistelmä

Lyhyt tiivistelmä

Riemannin zeta-funktion käänteisfunktio laskee alkulukujen potensseilla jaottomien pisteiden tiheyttä kompleksilukujoukossa. Eeta-funktio poikkeaa siitä siten, että sen käänteisfunktio laskee luvun kaksi potenssilla jaottomien pisteiden sijaan kahden potenssilla jaollisten pisteiden tiheyttä. Eeta-funktion käänteisfunktio osuu maksimipisteisiinsä silloin, kun sen kaikki tekijät osuvat yhtäaikaa pisteisiin, jossa parittomien alkuluvun potenssilla jaottomien pisteiden tiheys on maksimissaan, ja kahden potenssilla jaollisten pisteiden tiheys on maksimissaan. Sekä zeta- että eeta-funktion nollakohdat ovat näissä pisteissä. Tämä on mahdollista määrittelyjoukon reaalilukuosan $Re(s)$ arvovälillä $(0,1)$ vain silloin, kun $Re(s) = 1/2$, koska alkuluvun potenssilla jaollisuuden minimi on luvun neliöjuuren kohdalla. Siksi Riemannin hypoteesi on tosi.

Pitkä tiivistelmä

Alkuluvun p kokonaislukupotenssilla n jaollisten pisteiden etäisyys on p^n, ja näiden pisteiden tiheys on $1/p^n$. Tämä on käsitteenä laajennettavissa reaalilukuihin etäisyydeksi p^x ja tiheydeksi $1/p^x$, $x \in \mathbb{R}$, sekä kompleksilukuihin etäisyydeksi p^s ja tiheydeksi $1/p^s$, $s \in \mathbb{C}$. Se mahdollistaa jatkuvan funktion $f(s) = p^s$, sekä sen käänteisfunktion $f^{-1}(s) = 1/p^s$ käytön alkuluvun potenssilla jaollisuuden ja jaottomuuden analyysissa, avaten siten tien Riemannin ζ-funktion eli zeta-funktion tarkasteluun uudesta näkökulmasta.

Riemannin zeta-funktion esitystapa Eulerin tulomuodossa on

$$\zeta(s) = \prod_p \frac{p^s}{p^s - 1} = \frac{2^s 3^s 5^s \cdots}{(2^s - 1)(3^s - 1)(5^s - 1) \cdots}.$$

Alkuluvun potenssilla jaottomien pisteiden tiheys kompleksilukujoukossa on $1 - 1/p^s$. Tämän käänteisluku $p^s/(p^s - 1)$ on yksi zeta-funktion tekijä. Tästä seuraa, että zeta-funktion käänteisfunktio laskee kaikkien alkulukujen kompleksilukupotensseilla jaottomien pisteiden tiheyttä, ja vastaavasti *zeta-funktio laskee kaikkien pisteiden suhteellista osuutta alkuluvun potenssilla jaottomiin pisteisiin*. Siten kaikkien alkuluvun potensseilla jaollisuuden minimit ovat zeta-funktion nollakohtia.

Lukusuoran pisteen jaollisuus parittomilla alkuluvulla p on epätodennäköisintä pisteessä $p/2$ ja sen parittomilla monikerroilla. Vastaavasti pisteen jaollisuus parittoman alkuluvun potenssilla p^x on epätodennäköisintä pisteessä $p^{1/2}$ ja sen parittomilla monikerroilla. Tämä lainalaisuus voidaan johtaa myös kompleksilukujoukkoon.

Osafunktion $f(s) = p^s = f(x, y) = p^{x+iy}$ parittoman alkuluvun potenssilla jaollisuuden minimipisteet sijaitsevat aina kulman arvoilla $\pm(2n - 1)\pi$, eli parittomilla piin monikerroilla. Nämä osafunktiot voivat saavuttaa tuon jaollisuuden minimin yhtä aikaa samalla y:n arvolla vain, kun $x = 1/2$. Tämän vuoksi Riemannin hypoteesi on tosi.

Eeta-funktion η kaava on

$$\eta(s) = \frac{(2^s - 2)}{2^s} \frac{2^s 3^s 5^s \cdots}{(2^s - 1)(3^s - 1)(5^s - 1) \cdots}.$$

Sitä käytetään zeta-funktion arvojen laskemisen apuna, koska zeta-funktio ei suppene kun muuttujan s reaaliosa on pienempi tai yhtä suuri kun 1 [1, s. 147]. Eeta-funktio laskee etäisyyksien suhdetta pisteille, jotka ovat jaolliset kahden potensseilla, mutta eivät ole jaolliset parittomien alkulukujen potensseilla. Alkuluku 2 on erityistapaus siten, että sekä sen potensseilla jaollisten että jaottomien pisteiden tiheys on sama kulman arvoilla $\pm(2n - 1)\pi$. Siksi zeta- ja eeta-funktioiden nollakohdat ovat samat.

Koska kulman π parittoman monikerran arvoilla p^s on reaaliluku, syntyvät zeta-funktion nollakohdat reaalilukujen tulon kautta. Nollakohdan sijainti löytyy, kun osafunktioiden $f(s) = p^s$ reaalilukuosien avulla lasketut, toisiaan lähinnä olevat minimipisteet kerrotaan keskenään käyttäen (luvusta 2 alkaen) niin montaa alkulukua p kuin laskentatarkkuus edellyttää. Alla kuvassa on esimerkkinä seitsemän ensimmäisen osafunktion reaaliosan minimipistettä, jotka sijaitsevat zeta-funktion ensimmäisen nollakohdan läheisyydessä.

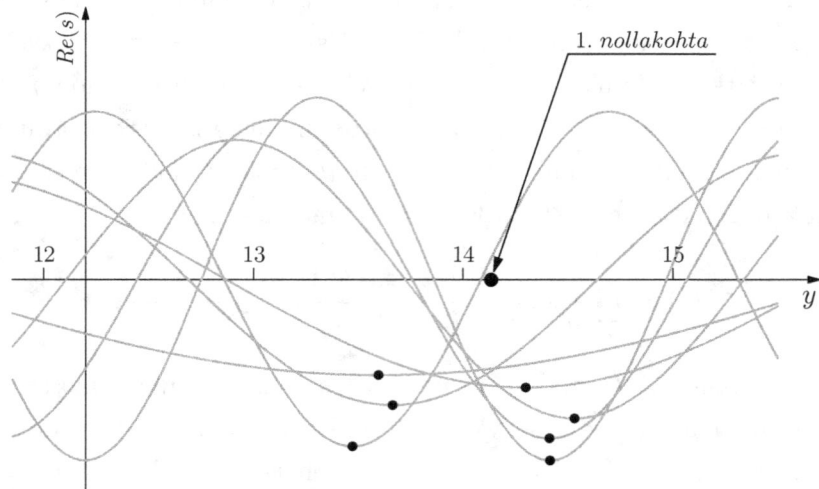

Kuva 1: Ensimmäiset 7 toisiaan lähinnä olevaa funktioiden $f(s) = p^s$ reaaliosan minimipistettä

Koska alkuluvun 2 potenssilla jaollisuuden maksimit ja minimit löytyvät sekä parittomalla että parillisella kulman π arvolla, syntyy myös osafunktion 2^s reaaliosan maksimipisteiden kautta zeta-funktion nollakohtia. Seuraava kuva havainnollistaa tätä (lisää luvussa 5).

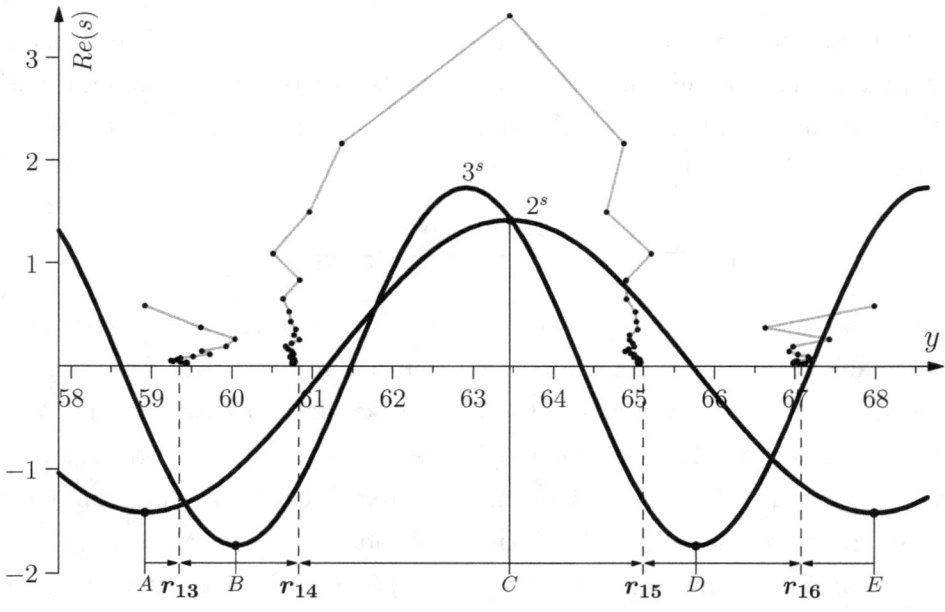

Kuva 2: Nollakohtien 13, 14, 15 ja 16 syntyminen

1 Johdatus tutkimuksen käsitteisiin

Tässä luvussa kuljetaan asteittain kohti Riemannin zeta-funktiossa tarvittavia käsitteitä Näin pyritään helpottamaan niiden hahmottamista. Johdannon päävaiheet ovat:

- Alkuluvuilla jaolliset pisteet lineaarisella asteikolla

- Alkuluvun potensseilla jaolliset pisteet reaalilukujoukossa

- Alkuluvun potensseilla jaolliset pisteet kompleksilukujoukossa

Totean heti alkuun, että edellä esitettyjä käsitteitä ei voi sellaisenaan soveltaa mihin tahansa funktioon. Ne on tässä laadittu erityisesti Riemannin zeta-funktion kaltaiselle funktiolle. Niiden käyttö on tässä mahdollista siksi, että zeta-funktion Eulerin tulomuodon kaikki termit ja tekijät ovat joko luku yksi, tai p^s, eli potenssiluku, jonka kantaluku on aina alkuluku. Ratkaisevaa on siis tuo vahva ja poikkeukseton kytkös alkulukutekijöihin.

1.1 Alkuluvulla jaolliset pisteet lineaarisella asteikolla

Alkuluvuilla jaolliset luvut ovat kokonaislukuja, jotka sijaitsevat lukusuoralla symmetrisesti luvun nolla molemmilla puolilla alkulukujen monikertojen etäisyydellä (kuva 1.1) Kaikki itseisarvoltaan lukua yksi suuremmat kokonaisluvut ovat jaolliset vähintään yhdellä alkuluvulla.

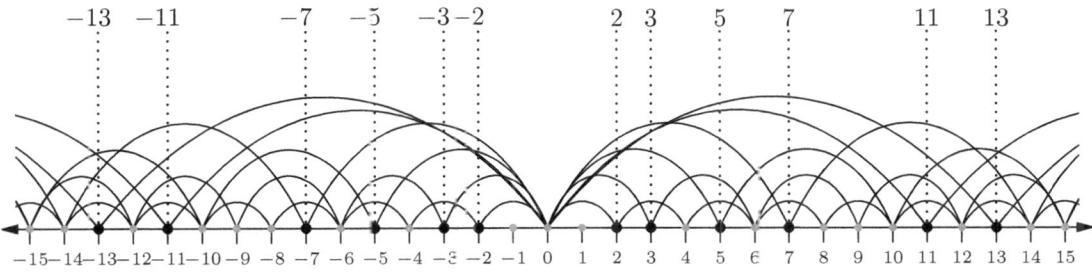

Kuva 1.1: Kokonaisluvut ovat alkulukujen monikertoja

1 Johdatus tutkimuksen käsitteisiin

Alkuluvuilla jaollisten kokonaislukujen jakauman tarkastelussa yksi merkittävimmistä piirteistä on lukujen diskreetti eli epäjatkuva luonne, mikä rajoittaa monen tehokkaan matemaattisen analyysin työkalun käyttöä. Tämän rajoituksen poistamiseksi siirrytään tarkastelemaan alkuluvuilla jaollisten kokonaislukujen lukumäärän sijaan alkuluvuilla jaollisten *pisteiden määrää* seuraavalla tavalla:

Otetaan tarkastelun kohteeksi kokonaislukujen sijaan reaaliluvun ϵ etäisyyksillä olevat pisteet. Kun $\epsilon = 1$, tarkastellaan yhä kokonaislukuja. Muutetaan tilannetta siten, että annetaan pisteiden välin ϵ laskea mielivaltaisen pieneksi (kuva 1.2). Tuolloin näiden pisteiden alkuluvun p monikerrat $np\epsilon$ ovat *alkuluvulla p jaollisia pisteitä*, ja muut pisteet ovat alkuluvulla p jaottomia pisteitä. Kun tuolloin järjestysluvultaan joka p:s piste on jaollinen, on luvulla p jaollisten pisteiden tiheys siten $1/p$.

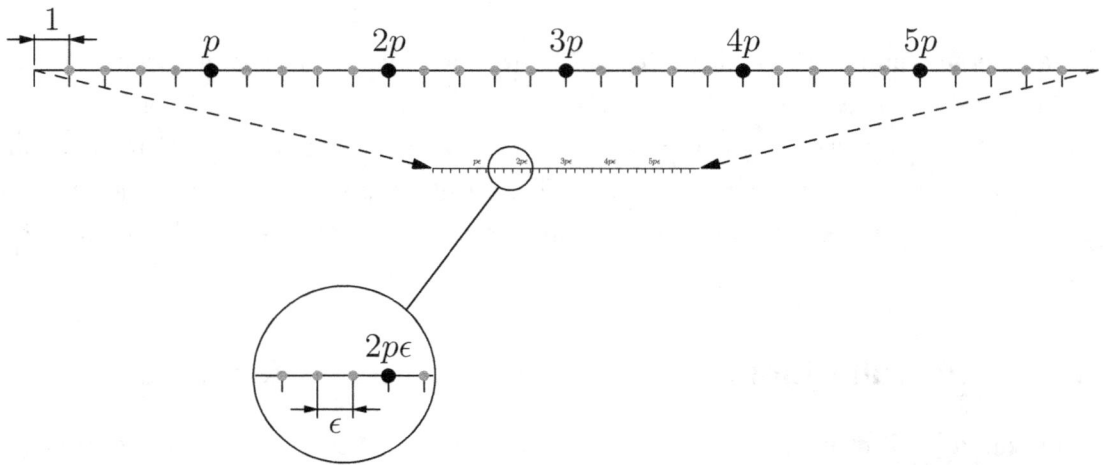

Kuva 1.2: Tarkasteltavien pisteiden etäisyys ϵ lasketaan mielivaltaisen pieneksi. Tässä $p = 5$

Edellä mainittu jaollisten pisteiden kuvaus on melko epätarkka, joten sitä pyritään täsmentämään seuraavaksi määritelmällä 1. Tavoitteena on varmistaa, että jatkuvan funktion kriteerit täyttyvät, jotta seuraavaksi voidaan käyttää yksinkertaista määrättyä integraalia laskemaan alkuluvulla jaollisten pisteiden määrä halutulta matkalta.

Määritelmä 1 Olkoon $P = \{x|x = na,\ x, a \in \mathbb{R}, n \in \mathbb{N}\}$ päättymätön joukko pisteitä reaalilukusuoralla $\{x_1, x_2, x_3, \ldots\}$, joka on järjestetty $0 < x_1 < x_2 < \cdots$ ja tasavälinen $a = \Delta x = |x_i - x_{i-1}| = |x_{i+1} - x_i|$. Olkoon p alkuluku. Funktio $f(x) = px$ kuvaa määrittelyjoukon P arvojoukoksi $S = \{px_1, px_2, px_3, \ldots\} = \{pa, p2a, p3a \ldots\}$, jonka pisteiden väli on $p\Delta x = pa$. Kutsutaan arvojoukon S pisteitä *alkuluvulla p jaollisiksi pisteiksi.* Kun maalijoukon pisteet ovat $M = \{x|x = na,\ x, a \in \mathbb{R}, n \in \mathbb{N}\} = \{a, 2a, 3a \ldots\}$, niin leikkaus $M \cap S$ muodostaa maalijoukon M *alkuluvulla p jaottomat pisteet.*

2

Koska funktio $f(x) = px$ on jatkuva, sen arvojoukon piste ohittaa aina maalijoukon $p - 1$ pistettä riippumatta siitä, mikä pisteväli eli resoluutio on valittu (kuva 1.3). Kuvaus $f(y) = x$ palauttaa saadun pisteen funktion $f(x) = px$ määrittelyjoukon pisteeksi, osoittaen jaollisten pisteiden sijainnit kyseisellä resoluutiolla.

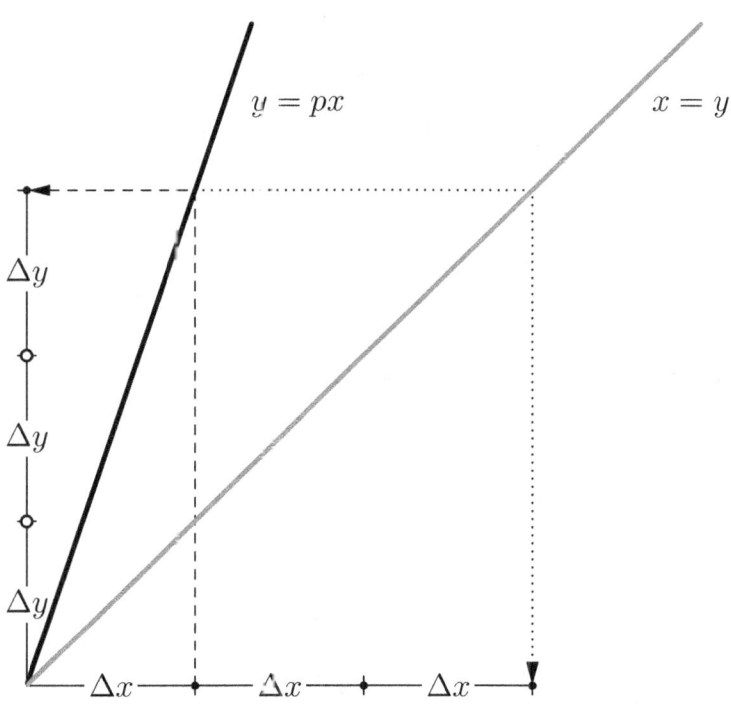

Kuva 1.3: Jaollisten pisteiden kuvaus funktion $f(x) = px$ avulla (tässä $p = 3$)

Määritelmä 2 Annetaan edellä mainittujen osavälien pituuden lähestyä nollaa $\lim_{\Delta x \to 0} = dx$, jolloin määrittelyjoukkona ja arvojoukkona on positiiviset reaaliluvut. Koska alkuluvulla p jaollisten pisteiden tiheys on $1/p$, niin alkuluvulla p *jaollisten pisteiden määrä* a_p matkalla p on

$$a_p = \int_0^p \frac{1}{p} dx = 1.$$

Tästä seuraa, että luvulla p *jaottomien pisteiden määrä* matkalla p on $p - 1$, ja *jaottomien pisteiden tiheys* on $(p - 1)/p = 1 - 1/p$. Huomaa että termin lukumäärä sijaan käytetään termiä *määrä*, koska pisteiden lukumäärän laskeminen ei ole mahdollista. Koska tiheys on tässä vakio, voi tuloksen yleistää: kun tiheys on $1/a$, on matkalla a jaollisten pisteiden määrä $= a(1/a) = 1$, $a \in \mathbb{R}$.

Määritelmän 2 asia voidaan todeta toisella tapaa kuvan 1.4 avulla. Siinä on käytetty esimerkkinä alkuluvulla 3 jaollisia pisteitä, mutta sama pätee kaikille muillekin alkuluvuille. Kun välin $(0, 1]$ pisteet yhdistetään kolme kertaa kauempana oleviin pisteisiin, on

3

luvun 1 kohdalla olevan pisteen vastine luvun 3 kohdalla oleva piste (kuvassa paksumpi yhtenäinen nuolikaari). Näin heti seuraava luvun 1 jälkeen tuleva piste on alueen $(0, 3]$ ulkopuolella. Voidaan todeta:

- Välillä $(0, 3]$ vain välin $(0, 1]$ pisteillä on vastineena kolmella jaollinen piste

- Välillä $(0, 1]$ on jokaista pistettä kohden tasan yksi kolmella jaollinen piste, joista mikään ei ole toisen pisteen kanssa yhteinen

Tästä seuraa, että välillä $(0, p]$ on määrältään tasan 1 alkuluvulla p jaollista pistettä.

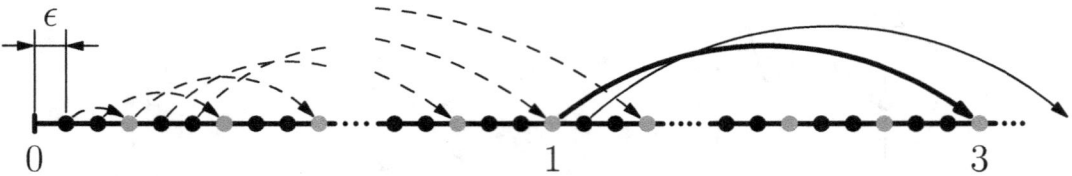

Kuva 1.4: Ensimmäinen luvun 1 jälkeen tuleva piste osuu alueen $(0, 3]$ yli

Edellä oleva kuva 1.5 havainnollistaa määritelmien 1 ja 2 merkitystä. Kuvassa harmaa kuvaaja esittää alkuluvulla 3 tasan jaollisten kokonaislukujen määrää matkan x funktiona $\pi_3(x)$ luvusta nolla alkaen. Musta kuvaaja taas esittää alkuluvulla 3 jaollisten pisteiden määrää matkan x funktiona $a_3(x) = (1/3)x$. Samalla kun harmaa kuvaaja kasvaa hyppäyksellisesti, musta kasvaa tasaisesti jatkuvana suorana.

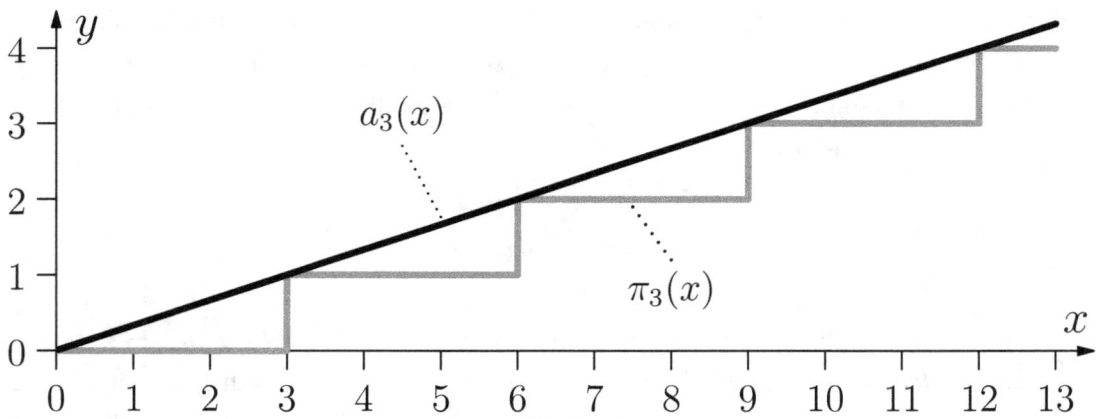

Kuva 1.5: Luvulla 3 jaollisten *lukujen lukumäärä* sekä *pisteiden määrä* matkan x funktiona

Kulmakertoimella 1 olevan funktion $a_1(x) = x$ voidaan katsoa edustavan millä tahansa alkuluvulla jaollisten pisteiden määräfunktiota, ja funktiot $a_p(x) = (1/p)x$ näyttävät siten tuon funktion alkulukukomponenttien pisteiden määriä (kuva 1.6). Kuvassa

x-akselilla on matka, ja y-akselilla näkyy kullakin alkuluvulla jaollisten pisteiden määrien kertymät kyseisellä matkalla.

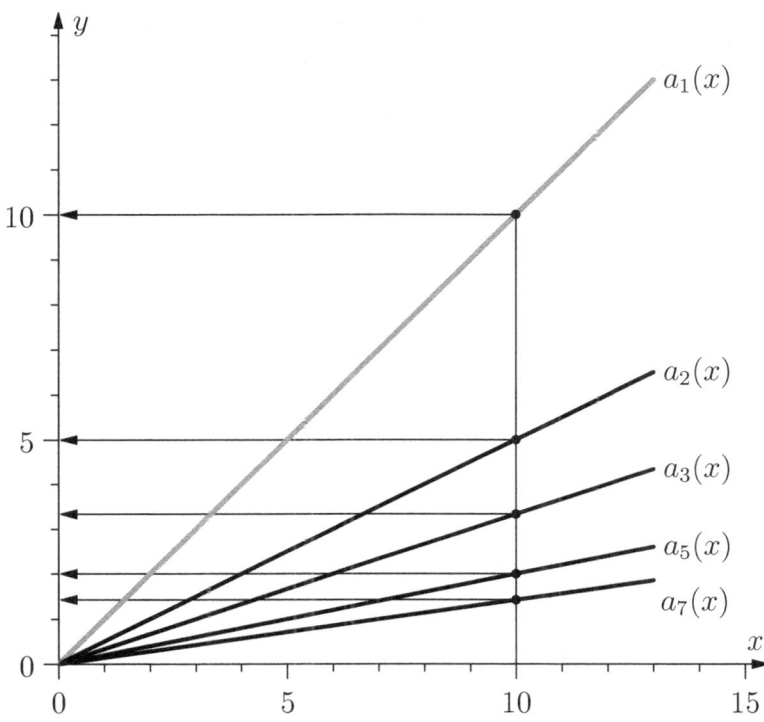

Kuva 1.6: Lineaarisia jaollisten pisteiden määräfunktioita

1.2 Alkuluvulla jaollisten pisteiden tiheyskerroin

Kuvan 1.6 tilannetta voi kuvitella mielessään siten, että pystyviivan liikkuessa tasaisella nopeudella origosta oikealle huippunopean atomikellon nopeudella tikittävä laskuri laskee jaollisten pisteiden määrän. Pisteiden tiheys on niin suuri, että käyrän polveilu ei näy, vaan näkyy sen sijaan suorana.

Oletetaan seuraavaksi, että mitattavien pisteiden tiheys muuttuu, eli ne ovat joko aikaisempaa tiheämmässä tai harvemmassa. Tätä varten otetaan käyttöön *tarkasteltavien pisteiden tiheyskerroin* $k \in \mathbb{R}$.

Luvun 1.1 mallin mukainen määritelmä on:

Määritelmä 3 Olkoon $P = \{x | x = na,\ x, a \in \mathbb{R}, n \in \mathbb{N}\}$ päättymätön joukko pisteitä reaalilukusuoralla $\{x_1, x_2, x_3, \ldots\}$, joka on järjestetty $0 < x_1 < x_2 < \cdots$ ja tasavälinen $a = \Delta x = |x_i - x_{i-1}| = |x_{i+1} - x_i|$. Olkoon p alkuluku. Funktio $f(x) = kpx$ kuvaa määrittelyjoukon P arvojoukoksi $S = \{kpx_1, kpx_2, kpx_3, \ldots\}$, jonka pisteiden väli on $kp\Delta x = kpa$. Kutsutaan arvojoukon S pisteitä *luvulla kp jaollisiksi pisteiksi*. Kun maalijoukon pisteet ovat $M = \{x | x = kna,\ x, a, k \in \mathbb{R}, n \in \mathbb{N}\} = $

$\{ka, k2a, k3a \ldots\}$, niin leikkaus $M \cap S$ muodostaa maalijoukon M *alkuluvulla kp jaottomat pisteet.*

Tietyllä matkalla olevien tarkasteltavien pisteiden määrä siis muuttuu tuolla kertoimella k (kuva 1.7). Silloin tarkastellaan luvulla kp jaollisten pisteiden tiheyttä, joka on $1/(kp)$. Kun $k > 1$, jaollisten pisteiden tiheys laskee, ja kun $k < 1$, niin jaollisten pisteiden tiheys kasvaa.

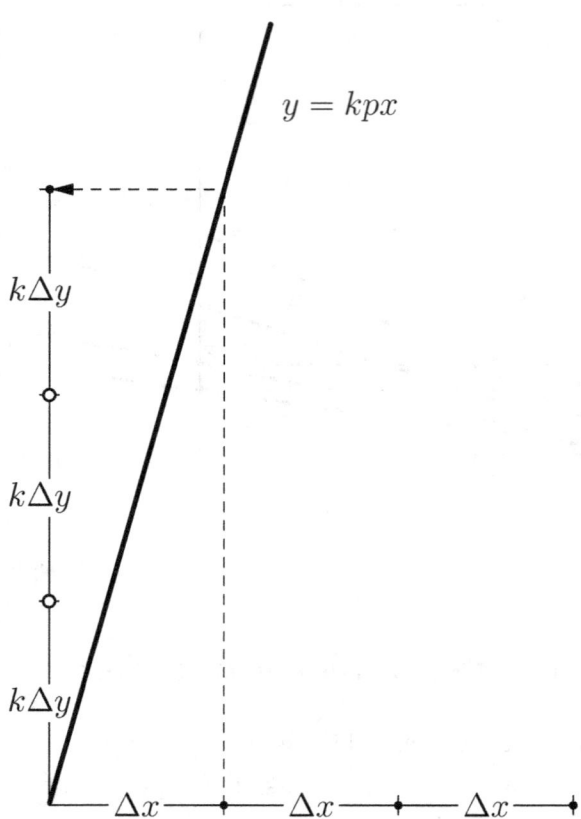

Kuva 1.7: Luvulla kp jaollisten pisteiden kuvaus funktion $f(x) = kpx$ avulla (tässä $p = 3$)

Kertoimelle k olennaista on se, että se vaikuttaa samalla tavalla kaikkien tarkastelussa käytettyjen osafunktioiden laskemaan pisteiden tiheyteen. Esimerkiksi seuraavassa kuvassa 1.8 on esitetty kolme jaollisten pisteiden määräfunktiota $a_p(x) = x/(kp)$, $p \in \{3, 5, 7\}$ tiheyskertoimen k arvolla 1 ja 0,3. Kertoimen k arvolla 0,3 kaikkien kolmen suoran kulmakertoimet nousevat.

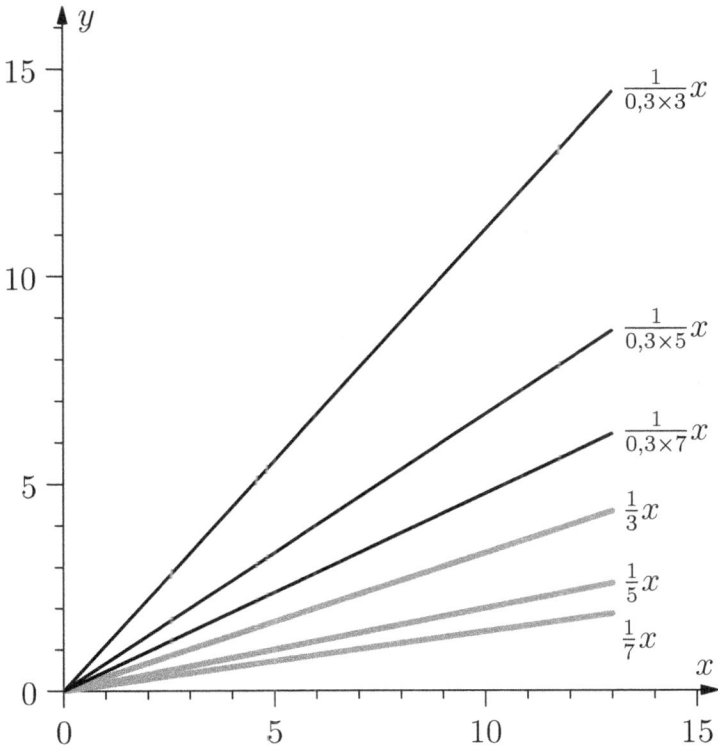

Kuva 1.8: Jaollisten pisteiden määräfunktioita tiheyskertoimella $k = 1$ ja $0,3$

Nyt tarvitaan matka kp, jotta luvulla kp jaollisten pisteiden määrä on tasan 1. Siten tuolla matkalla jaottomien pisteiden määrä on $kp - 1$, ja jaottomien pisteiden tiheys on $(kp - 1)/kp = 1 - 1/kp$. Kun tiheyskertoimen k arvoksi annetaan saada mikä tahansa reaaliluku, saadaan tiheysfunktio $\rho_k(x) = 1/(px)$, $x \in \mathbb{R}$.

Jos mielessäsi on kysymys miten kaikki tämä liittyy Riemannin zeta-funktioon, vastaan että pohjimmiltaan zeta-funktiossa on myöskin kyse jaollisten tai jaottomien pisteiden tiheyden ja määrän laskennasta. zeta-funktiossa se tapahtuu kompleksilukupotenssifunktioiden avulla, ja sitä kohti edetään tässä tutkimuksessa asteittain. Tätä varten seuraavassa luvussa esitellään alkuluvun *potenssilla* jaollisten pisteiden tiheyden ja määrän laskenta.

1.3 Alkuluvun potensseilla jaolliset pisteet reaalilukujoukossa

Seuraavaksi tilannetta muutetaan siten, että tarkastelun kohteeksi hyväksytään vain alkuluvun p potenssin k monikerroilla jaolliset pisteet. Edellisen luvun tiheyskerroin k siirtyy siten potenssiksi, jolloin k:n arvon muutos muuttaa jaollisten pisteiden tiheyttä ja määrää eksponentiaalisesti.

Luvun 1.1 mallin mukainen määritelmä on:

Määritelmä 4 Olkoon $P = \{x \mid x = na,\ x, a \in \mathbb{R}, n \in \mathbb{N}\}$ päättymätön joukko pisteitä reaalilukusuoralla $\{x_1, x_2, x_3, \ldots\}$, joka on järjestetty $0 < x_1 < x_2 < \cdots$ ja tasavälinen $a = \Delta x = |x_i - x_{i-1}| = |x_{i+1} - x_i|$. Olkoon p alkuluku. Funktio $f(x) = p^{kx}$ kuvaa määrittelyjoukon P arvojoukoksi $S = \{p^{kx_1}, p^{kx_2}, p^{kx_3}, \ldots\} = \{p^{ka}, p^{k2a}, p^{k3a}, \ldots\}$, jonka pisteiden väli on $\Delta p^{kx} = p^{kx_i} - p^{kx_{i-1}} = p^{kn_i a} - p^{kn_{i-1} a}$. Kutsutaan arvojoukon S pisteitä *alkuluvun p potenssilla k jaollisiksi pisteiksi* määrittelyjoukolle P. Olkoon maalijoukon pisteinä funktion $f(x) = e^x$ kuvaamat pisteet kuvaamassa kaikkia potenssilla jaollisia pisteitä seuraavasti: $M = \{x \mid x = e^{kna},\ x, k, a \in \mathbb{R},\ n \in \mathbb{N}\} = \{e^{ka}, e^{k2a}, e^{k3a}, \ldots\} = \{e^{kx_1}, e^{kx_2}, e^{kx_3}, \ldots\}$. Leikkaus $M \cap S$ muodostaa joukon M *luvulla p^k jaottomat pisteet.*

Kun $k = 1$, saadaan erikoistapauksena alkuluvun p kokonaislukupotenssilla jaolliset pisteet määrittelyjoukolle P. Kuva 1.9 edellä näyttää kolmen osafunktion $f(x) = p^{kx}$ kuvaajat, kun $k = 1$. Funktion $f(x) = 3^{kx}$ ensimmäinen arvopiste valitulla resoluutiolla (eli muuttujien x arvovälillä) on näytetty pystyakselilla suljetulla mustalla pisteellä. Koska muiden osafunktioiden arvopisteet eivät kuulu alkuluvun 3 potenssilla jaollisten pisteiden joukkoon, ne on merkitty kaavion pystyakselille avoimilla pisteillä. Jos $k > 1$, kaikki kuvan 1.9 osafunktioiden kuvaajat nousevat jyrkemmin. Jos taas $k < 1$, ne nousevat hitaammin.

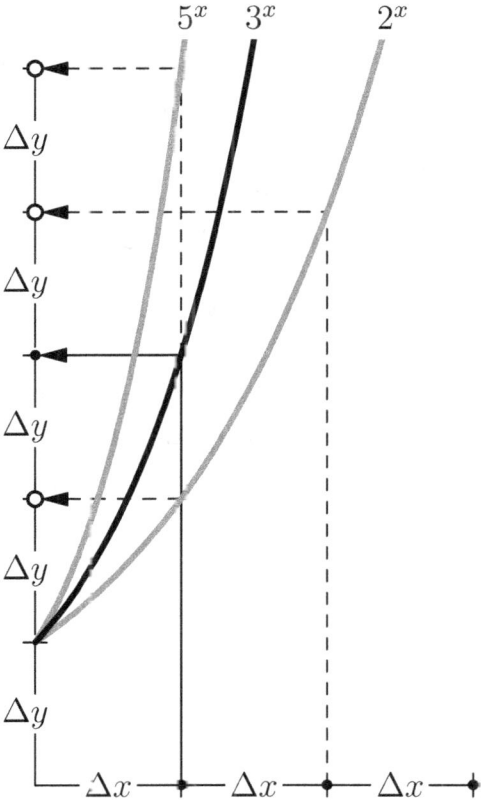

Kuva 1.9: Luvulla p^{kx} jaollisia pisteitä (tässä $p \in \{2,3,5\}$ ja $k = 1$)

Logaritmisen asteikon käyttö tässä yhteydessä on hyödyllinen havainnollistamisen keino. Sen avulla luvun potenssilla jaolliset pisteet saadaan esiintymään kuvaajassa tasavälein. Tuolloin muut kyseisellä alkuluvulla p jaolliset pisteet jakautuvat epätasaisin välein, kuten kuva 1.10 esittää. Se ei haittaa, koska nimenomaan potensseilla jaolliset pisteet ovat nyt kiinnostuksen kohteena. Edellä kuvan 1.13 harmaat pisteet esittävät luvun kolme monikertoja, joiden tiheys kasvaa eksponentiaalisesti mustina pisteinä esitettyjen luvun kolme kokonaislukupotenssien väleissä.

Kuva 1.10: Luvun 3 potensseja edustavat pisteet ovat tasavälein logaritmisessa asteikossa

Kun tiedetään, että $\ln a^b = b \ln a$, voidaan luvun 3 potenssilla jaolliset pisteet esittää alla olevan kuvan tavalla, jolloin tilanne muistuttaa yhä enemmän lineaarista jakaumaa.

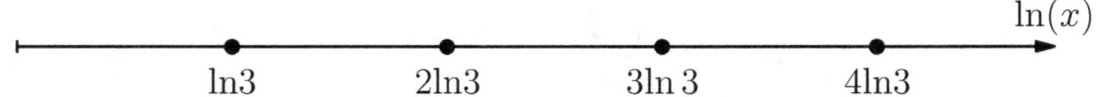

Kuva 1.11: Edellinen kuva toisin esitettynä

Edellä kuvassa 1.12 nähdään, kuinka logaritmista y-akselia käytettäessä kuvan 1.9 funktioiden kuvaajat muuntuvat suoriksi, joiden kulmakerrointa kaikille osafunktioille $f(x) = p^{kx}$ yhteinen vakio k muuttaa. Ero lineaarisiin funktioihin näkyy siinä, että vaikka saman osafunktion p^{kx} arvopisteet ovat y-akselilla tasavälein (kuvassa osafunktion 3^{kx} arvopisteet on merkitty mustina pisteinä), niin eri osafunktioiden arvopisteet eivät ole keskenään tasavälein pystyakselilla.

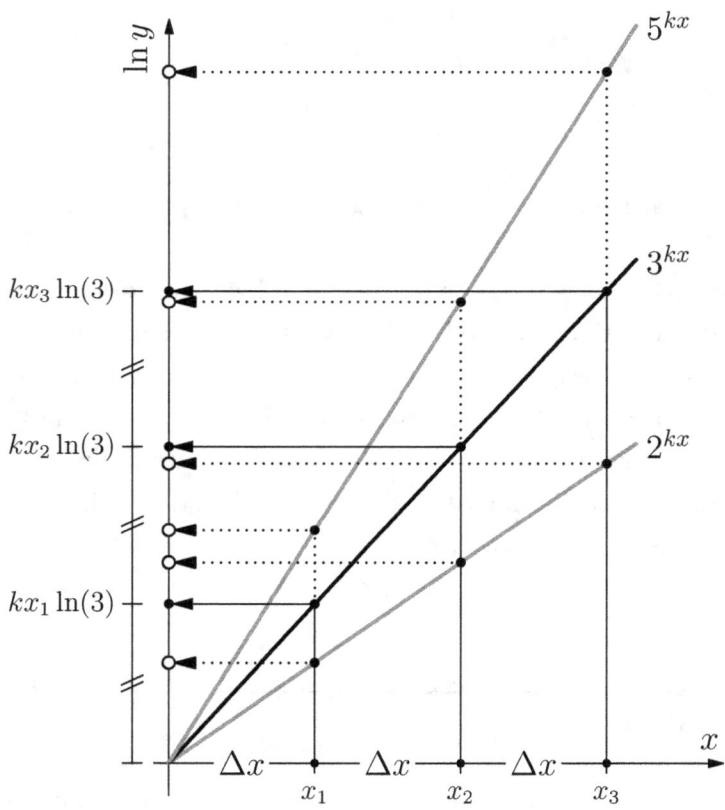

Kuva 1.12: Luvulla p^{kx} jaolliset pisteet logaritmisella y-akselin asteikolla

Logaritmisen asteikon käyttäminen auttaa myös ymmärtämään, miksi määritelmässä 4 on valittu funktio $f(x) = e^x$ kuvaamaan maalijoukon pisteitä. Koska $\ln e^x = x$, toimii tuo funktio tässä samankaltaisesti kuin funktio $f(x) = x$ luvussa 1.1. Se kuvaa määrittelyjoukon pisteet sellaiseraan logaritmiselle asteikoille. Siksi se soveltuu kuvaamaan maalijoukoksi kaikkia potenssilla jaollisia pisteitä.

Seuraavaksi tarkastellaan tilannetta, jossa arvojoukon pisteiden väli $\Delta x = a$ lähestyy nollaa. Koska funktion $f(x) = p^{kx}$ kuvaaja on logaritmisella asteikolla suora, voidaan todeta, että luvulla p^k jaollisten pisteiden tiheys on logaritmisella asteikolla $1/(k \ln p)$. Näin saadaan seuraava tulos:

Olkoon $k \in \mathbb{R}$ ja p alkuluku. Luvun p *potenssilla k jaollisten pisteiden tiheys* on $1/p^k$. Kun $\Delta x \to 0$, niin Luvulla p^k jaollisten pisteiden määrä matkalla p^k on

$$\int_{0}^{k \ln p} \frac{1}{k \ln p} dx = 1.$$

Siten luvulla p^k jaottomien pisteiden tiheys samalla matkalla on $1 - 1/p^k$. Todetaan tämä asia myös vaihtoehtoisella tavalla, samaan tapaan kuin määritelmän 2 kohdalla tehtiin.

- Funktiolla $f(x) = p^{kx}$ on jokaista määrittelyjoukon $(0, 1]$ pistettä kohden tasan yksi arvopiste y_i, ja se sijaitsee aina välillä $(0, p^k]$.

- Kaikilla arvopisteillä y_i pätee, että $y_i \neq y_j$, eli mikään arvopiste ei ole sama kuin toinen arvopiste.

- Kaikilla arvoilla $\epsilon \in \mathbb{R}_+$ on $p^{k(1+\epsilon)} > p^k$.

Siten luvulla p^k jaollisten arvopisteiden määrä välillä $(0, p^k]$ on tasan 1, kun $\Delta x \to 0$.

Kun k saa arvokseen kaikki reaaliluvut, saadaan alkuluvun p potenssilla jaollisten pisteiden tiheysfunktioksi $\rho_p(x) = 1/p^x$, $x \in \mathbb{R}$ (kuva 1.13).

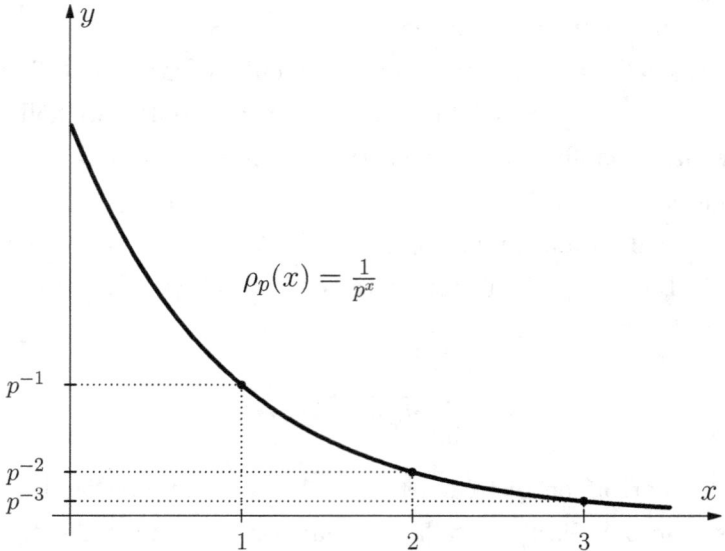

Kuva 1.13: Alkuluvun potenssilla jaollisten pisteiden tiheyden esittäminen jatkuvan funktion avulla

Logaritminen asteikko muuttaa alkuluvun potensseilla jaollisten pisteiden tiheysfunktion kuvaajan suoraksi, jonka kulmakerroin on $-1/\ln p$ (kuva 1.14).

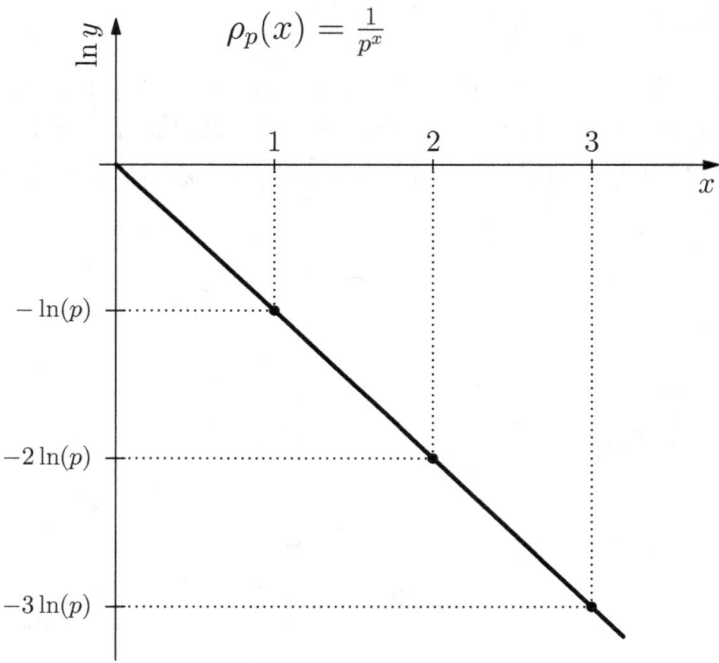

Kuva 1.14: Potenssifunktion kuvaaja on suora logaritmisessa asteikossa

1.4 Alkuluvun potenssilla jaolliset pisteet kompleksilukujoukossa

Kun edellisessä luvussa esitellyn alkuluvun potenssilla jaollisten pisteiden tiheysfunktion $\rho_p(x) = 1/p^x$ reaalilukumuuttuja x korvataan kompleksilukumuuttujalla s, tiheysfunktion luonne muuttuu. Yksi olennaisimmista muutoksista on se, että nyt potenssilla jaollisten pisteiden tiheyttä tarkastellaan kahdessa dimensiossa: reaalilukujen ja imaginaarilukujen suunnassa. Tuolloin sekä funktion määrittelyjoukko että arvojoukko on suoran sijaan taso. Näin määrittelyjoukon pisteenä voi periaattessa olla mikä tahansa kombinaatio muuttujien x ja y arvoista, kun $s = x + iy$, $x, y \in \mathbb{R}$ Tiedämme kuitenkin, että kaikki Riemannin zeta-funktion nollapisteet löytyvät määrittelyjoukon pisteistä, jossa $x \in (0, 1)$ [1, s. 15]. Tämän lisäksi kaikki tuon funktion tähän mennessä löydetyt nollakohdat sijaitsevat määrittelyjoukon suoralla $x = 1/2$ [1, s. 39]. Siksi tässä tarkastellaan määrittelyjoukon arvoja pääosin siten, että kompleksilukumuuttujan s reaaliosan x annetaan olla vakio, ja imaginääriosan y arvo muuttuu. Määrittelyjoukon kuvaajana on siten pystysuora, joka liikkuu vaakasuunnassa vain silloin, kun muuttujan x arvoa päätetään vaihtaa (kuva 1.15). Luonnollisesti erityishuomio kohdistuu arvojoukkoon, jossa määrittelyjoukon $x = 1/2$. Tätä tullaan mm vertaamaan arvojoukkoon, jossa määrittelyjoukon $x = 1$.

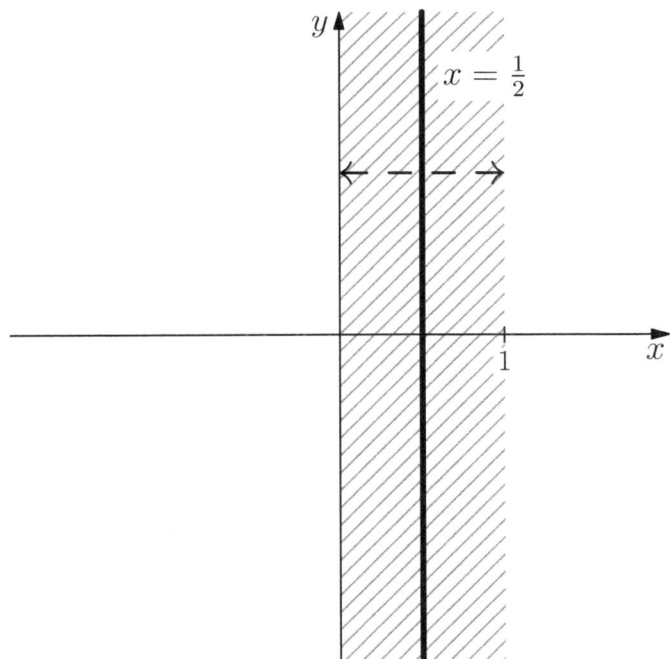

Kuva 1.15: Kiinnostavin määrittelyjoukon pisteiden alue

Funktio $f(s) = p^s$ määrittää matkan, josta alkuluvun potenssilla jaollisia pisteitä lasketaan. Se kuvaa y-akselin suuntaisen suoran ympyräkehäksi, ja x-akselin suuntaisen suoran ympyrän säteeksi (kuva 1.16). Siten edellä valittu pystysuora määrittelyjoukko synnyttää arvojoukon, joka kiertää ympyräkehää origon ympäri.

$$f(x, y) = p^{x+iy}$$

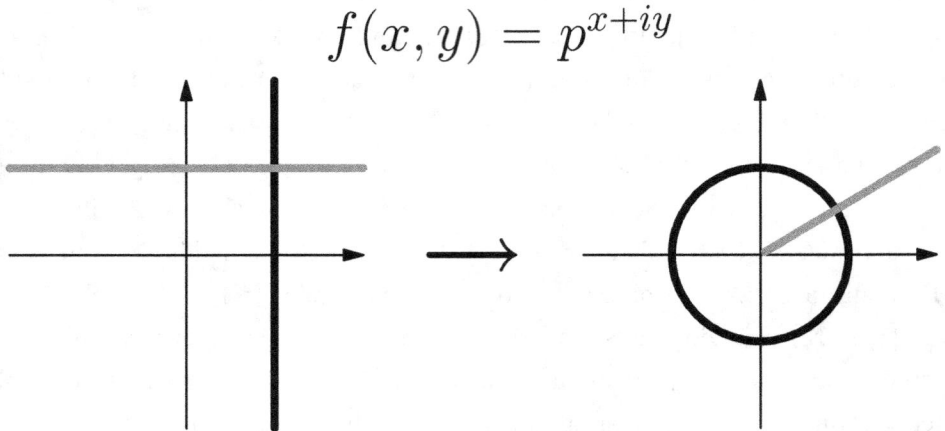

Kuva 1.16: Akselien suuntaiset suorat kuvautuvat ympyräkehäksi ja säteeksi

Tässä on hyvä tiedostaa, että toisin kuin edellisissä luvuissa, nyt kyseessä on yksiulotteisen matkan sijaan kaksiulotteinen polku reaali- ja imaginääriakselien muodostamalla tasolla. Edellä oleva kuva 1.17 havainnollistaa, miten tarkasteltava matka on vaihtunut: luvussa 1.1 matka oli alkuvun p mittainen, ja muuttui luvussa 1.2 kertoimella k. Luvussa 1.3 matka oli p^k. Kaikki nämä olivat yksiulotteisia matkoja, ja vasta kompleksilukupotenssi muuttaa sen kaksiulotteiseksi poluksi.

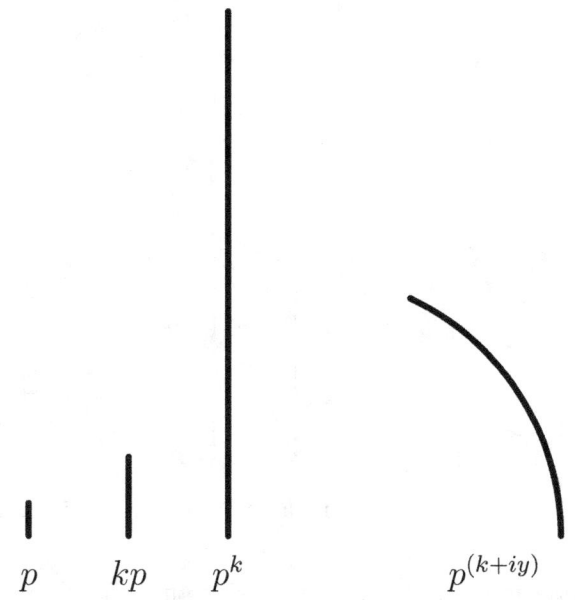

$$p \qquad kp \qquad p^k \qquad\qquad p^{(k+iy)}$$

Kuva 1.17: Tarkasteltava matka muuttuu yksiulotteisesta kaksiulotteiseksi

Kun kuljettua polkua/matkaa näyttävän funktion $f(s) = p^s$ arvoja tarkastellaan polaarikoordinaatistossa, voidaan funktio esittää Eulerin kaavan avulla seuraavassa muodossa:

$$f(s) = p^x(\cos(y \ln p) + \sin(y \ln p)), \quad x, y \in \mathbb{R}. \tag{1.1}$$

Lausekkeiden $\cos(y \ln p)$ ja $\sin(y \ln p)$ avulla saadaan arvojen reaali- ja imaginäärikomponenttien suhteelliset osuudet. Kun muuttujan x arvo ei muutu, funktion $f(s) = p^s$ kuvaaja piirtää kompleksilukutasolle säteeltään p^x olevan ympyrän, joka toistuu luvun $y = n2\pi/\ln p$, $n \in \mathbb{N}$ jaksoissa (kuva 1.18).

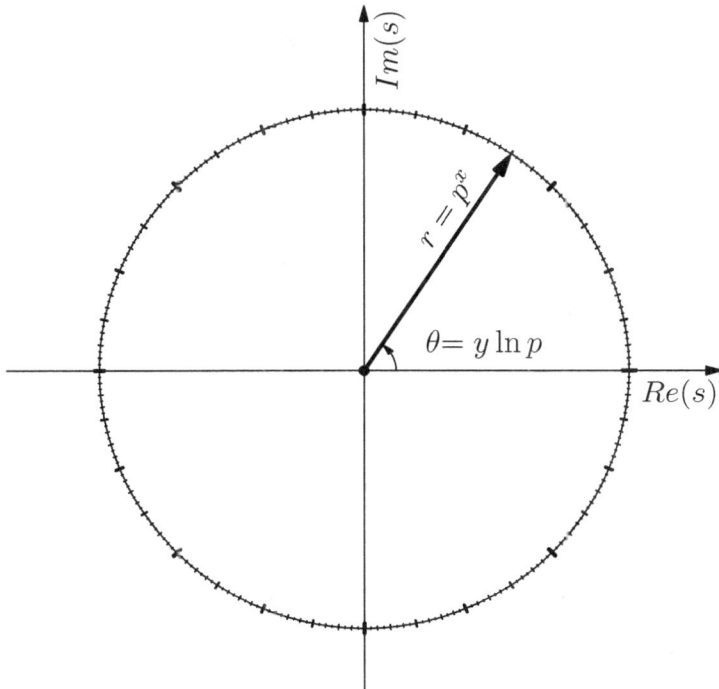

Kuva 1.18: Funktion $f(s) = p^s$ piirtämä ympyräkaari, kun x on vakio

Kuvaan on piirretty polaarikoordinaatiston vektori, jonka pituus on p^x. Sen voi ajatella piirtävän käyrän kulkiessaan kulmanopeudella y, jonka kulmakerroin on $\ln p$. Logaritminen kerroin viittaa siihen, että ympyräkehän kulma-asteikon voi tulkita logaritmiseksi.

Alkuluvun p potenssilla s jaollisten pisteiden tiheysiheysfunktio $\rho_p(s)$ on

$$\rho_p(s) = \frac{1}{p^s} = \frac{1}{p^x(\cos(y \ln p) + i \sin(y \ln p))}, x, y \in \mathbb{R}, \ s \in \mathbb{C}. \tag{1.2}$$

Tiheysfunktion kuvaaja eroaa kaavan (1.1) funktiosta säteen lisäksi siten, että matkaa osoittavan funktion kiertosuunta on myötäpäivään, kun taas tiheysfunktion kiertosuunta on vastapäivään (kuva 1.19 edellä).

Tässä mitataan siis alkuluvun potenssilla jaollisten pisteiden tiheyttä, kun kompleksilukutasolla liikutaan säteen p^x suuruista kehää. Muuttujan y asteikko on nyt radiaaneissa, ja yksikkönä on 2π, eli yksi täysi ympyräkehän kierros. Tiheysfunktion arvo on reaaliluku vain kulman arvoilla $\theta = n\pi$, $n \in \mathbb{N}$. Muuten se on kompleksiluku, jolla on myös imaginäärikomponentti.

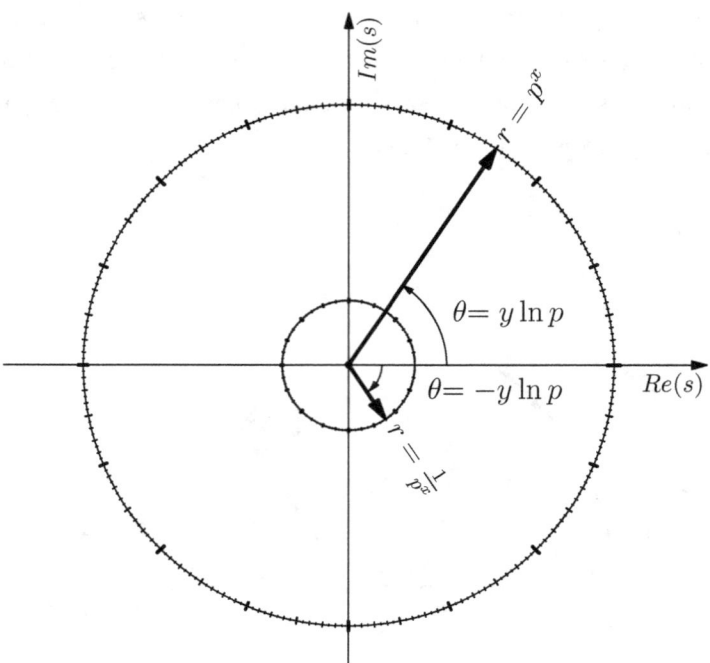

Kuva 1.19: Funktion $\rho_p(s) = 1/p^s$ ja $f(s) = p^s$ kuvaajat (x on vakio)

1.4.1 Reaali- ja imaginäärikomponenttien tarkastelua

Kun kompleksilukutasolla tarkastellaan funktion $f(s) = p^s$ kuvaajan projektioviivoja, jotka on vedetty alas reaaliakselille ympyräkaarella tasavälein olevista jakoviivoista, voidaan havaita projektiopisteiden tiheyden vaihtelevan (kuva 1.20). Tämä havainnollistaa sitä, että tuon ympyräkaaren tarkasteltavien pisteiden reaaliosien tiheys vaihtelee. Tiheys on harvimmillaan kulman $\pi/2$ monikertojen kohdalla, ja suurimmillaan kulman π monikertojen kohdalla. Kaavan 1.2 kosini-lauseke huomioi tämän, kuten kuva 1.20 pyrkii havainnollistamaan. Kosini saa arvon nolla kulman $\pi/2$ kohdalla, jossa projektiopisteiden tiheys on pienin. Kosinin itseisarvo on maksimissaan kulman arvoilla nolla ja π, jossa projektiopisteiden tiheys on suurin. Sini-lauseke toimii vastaavasti imaginääriakselille projisoitujen pisteiden tiheyttä laskettaessa.

Huomaa että kosinin sisällä suluissa oleva logaritmi $\ln p$ tekee ympyräkaaren asteikosta logaritmisen, jolloin alkuluvun p potenssilla s jaolliset pisteet sijaitsevat siinä tasavälein.

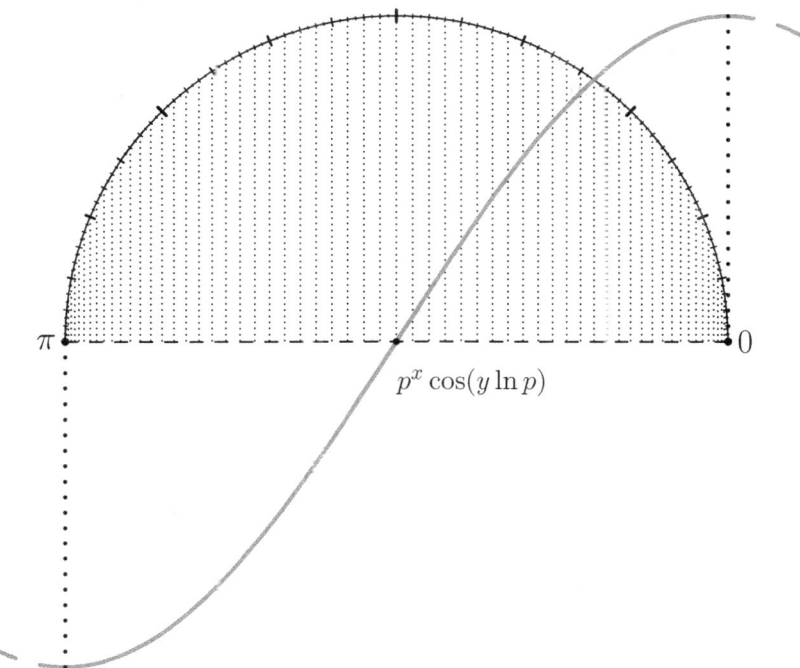

Kuva 1.20: Kosini-funktion itseisarvo (harmaa käyrä) seuraa reaalilukuakselilla tapahtuvaa pisteiden tiheysvaihteluja

Tämän pohjalta voidaan todeta:

- tarkasteltavien pisteiden reaaliosien tiheysmaksimit sijoittuvat y:n arvoihin $n\pi/\ln p$, $n \in \mathbb{Z}$

- tarkasteltavien pisteiden imaginääriosien tiheysmaksimit sijoittuvat y:n arvoihin $n\pi/(2\ln p)$.

Tulos on looginen, sillä kompleksiluvut ovat kulman arvoilla $n\pi/2$ puhtaasti imaginäärilukuja, ja kulman arvoilla $n\pi$ puhtaasti reaalilukuja.

1.4.2 Kosini-funktion etumerkin merkitys

Kaavan (1.2) kosini-funktion etumerkillä on myös oma merkityksensä, joka selviää edellä olevien kuvien avulla. Tarkastellaan ensin ympyräkaarta, joka on jaettu parittoman alkuluvun tai ko. alkuluvun kokonaislukupotenssin määräämiin osiin. Edellä on esimerkkikikuva 1.21 asiasta, jossa paksut harmaat pisteet edustavat mainittujen jako-osien päätepisteitä. Kulman nolla kohdalla on aina jakopiste, jolloin siinä todennäköisyys parittomalla alkuluvulla jaolliseen pisteeseen on yksi. Sitä vastoin puolikaaren vastakkaisessa päässä, kulman π kohdalla ei ole millään parittomalla alkuluvulla koskaan jakopistettä, vaan jaolliset pisteet (kuvassa pisteet A ja B) sijoittuvat maksimaalisen kauas kulmasta

π, joka on täsmälleen pisteiden A ja B puolivälissä. Kun muistetaan asteikon yksikkönä olevan 2π, niin voidaan todeta, että kulma $\pi = 2\pi/2$. Eli kulma π on vain alkuluvulla 2 jaollinen piste, jolloin parittomalla alkuluvulla jaollisen pisteen todennäköisyys on siinä nolla. Näistä vastakkaisista pisteistä (kulmien 0 ja π pisteet) on siis toinen parittomalla alkuluvulla jaollinen ja toinen jaoton. Molemmat pisteet ovat jaolliset kahdella.

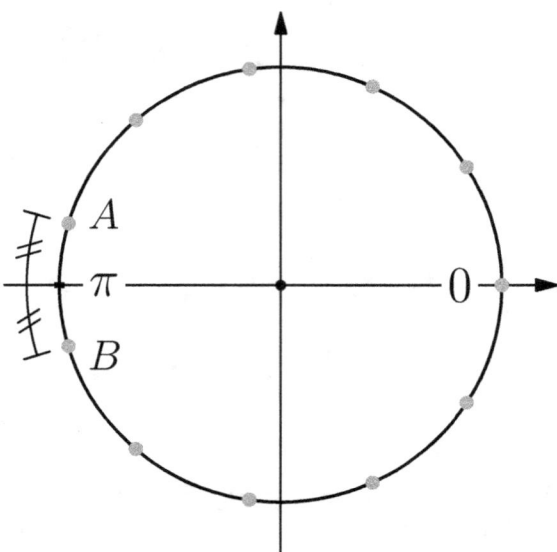

Kuva 1.21: Kulma π sijoittuu pisteiden A ja B puoliväliin

Tarkastellaan seuraavaksi muita kulman 0 ja π välillä olevia parittoman alkuluvun jakopisteitä kuvan 1.22 avulla. Esimerkkikuvassa kaari on jaettu osiin luvulla $5^2 = 25$, mutta asian voidaan todeta olevan riipumaton parittomasta alkuluvusta ja sen kokonaislukupotenssista. Voidaan havaita, että oikealla puolella jaollisesta projektiopisteestä A vedetty katkoviiva osuu vasemmalla puolella ympyräkaarella pisteeseen, joka on sitä lähimpien jakopisteiden puolivälissä. Siten siitä alas projisoitu piste B edustaa pistettä, jossa todennäköisyys alkuluvun potenssilla jaolliseen pisteeseen on alhaisin.

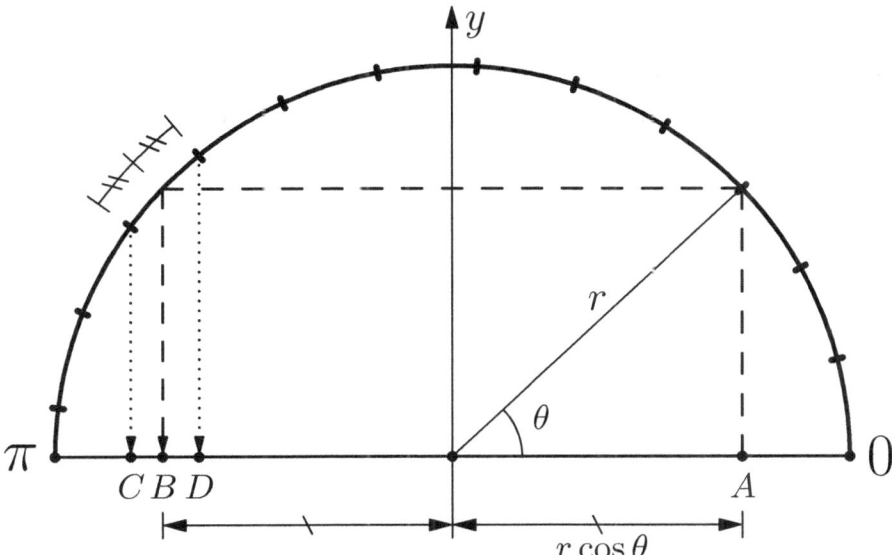

Kuva 1.22: Kaaren oikean puolen jakopiste on jaollinen, ja vasemman puolen piste ei

Koska kosini-funktion itseisarvot ovat symmetriset y-akselin molemmin puolin (vain etumerkki vaihtuu), voidaan todeta:

- jos kaavan (1.2) reaaliosan positiivinen arvo edustaa parittomalla alkuluvulla jaollista pistettä, niin silloin itseisarvoltaan samansuuruinen negatiivinen arvo edustaa jaotonta pistettä, ja päinvastoin.

Kun tämän luvun havainnot yhdistää edellisen luvun havaintoihin, voidaan todeta:

- alkuluvun potenssilla jaollisten pisteiden reaaliosan tiheysmaksimi on kulman $n2\pi$, $n \in \mathbb{N}$ kohdalla.

- alkuluvun potenssilla jaottomien pisteiden reaaliosan tiheysmaksimi on kulman $(n2 - 1)\pi$ kohdalla.

Tällä tiedolla on käyttöä tulevissa luvuissa, joten siihen palataan myöhemmin.

1.4.3 Muuttujan x vaikutus tiheysfunktion arvoihin

Kaavan (1.2) muuttujan x voi ajatella olevan logaritmisella asteikolla eräänlainen kulmakerroin, joka määrää millä otostiheydellä tarkasteltavia pisteitä poimitaan mukaan funktion arvojoukkoon. Tässä vertaillaan tapauksia $x = 1$ ja $x = 1/2$, koska tiedetään, että zeta-funktion kaikki nollakohdat ovat muuttujan x arvovälillä $(0, 1)$, ja kaikki tähän mennessä löydettyjen nollakohtien määrittelyjoukon muuttujan x arvo on puoli.

1 Johdatus tutkimuksen käsitteisiin

Havainnollistamisen suhteen helpoin tapaus on se, jossa $x = 1$. Silloin voidaan ajatella, että ympyräkaarella tarkastelun kohteena olevat pisteet ovat alkuluvun kokonaislukupotenssilla jaollisia. Havainnollistetaan asiaa seuraavan kuvan 1.23 avulla. Siinä ympyräkaari on ajateltu jaetuksi osiin parittoman alkuluvun potenssilla. Huomaa että edellä olevista havainnollistavista kuvista poiketen pistejoukon pisteiden välien oletetaan niin pienet, että niiden välimatka lähestyy nollaa. Tarkastelun kohteena olevat pisteet on merkitty suurilla harmailla pisteillä. Tarkasteltavien pisteiden tiheysfunktio $\rho_p(s) = 1/p^s = 1/p^{x+iy}$, ja $x = 1$. Silloin kyseisellä alkuluvun kompleksilukupotenssilla jaottomien pisteiden tiheys on $(p^s - 1)/p^s = 1 - 1/p^s$.

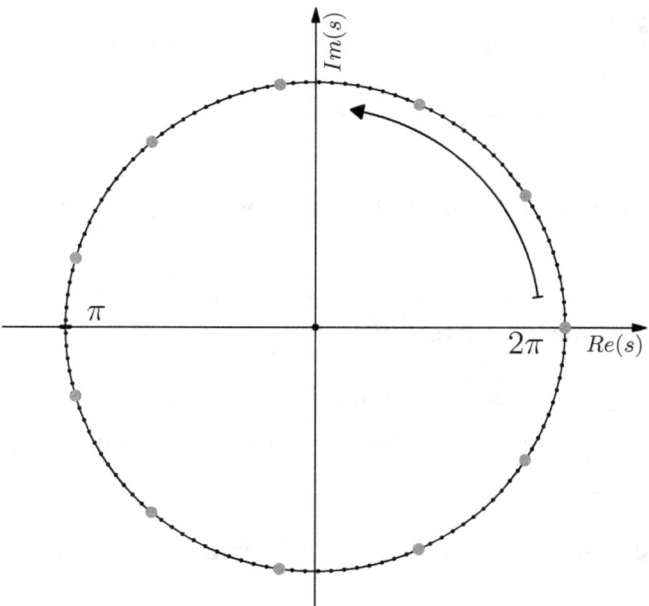

Kuva 1.23: Ympyräkaaren jakaminen osiin parittoman alkuluvun potenssilla, $x = 1$

Luvun 1.4.2 pohjalta voidaan todeta, että parittomien alkulukujen potensseilla tällä otospisteiden tiheydellä tarkasteltavat pisteet sijoittuvat mahdollisimman etäälle kulmasta π, ja yksi niistä osuu aina täsmälleen kulman 2π kohdalle.

Kun muuttuja $x = 1/2$, lasketaan neliöjuurella jaollisten pisteiden tiheyttä. Silloin tarkasteltavien pisteiden tiheys kaksinkertaistuu logaritmisessa asteikossa (kuva 1.24), jolloin tiheysfunktion itseisarvojen suuruus kasvaa vastaavasti. Kun muuttujan x arvo on puoli, saavutetaan symmetria, jossa tarkasteltava piste osuu sekä kulman π että 2π monikerran kohdalle. Tämä koskee sekä parillista alkulukua 2 ja kaikkia parittomia alkulukuja.

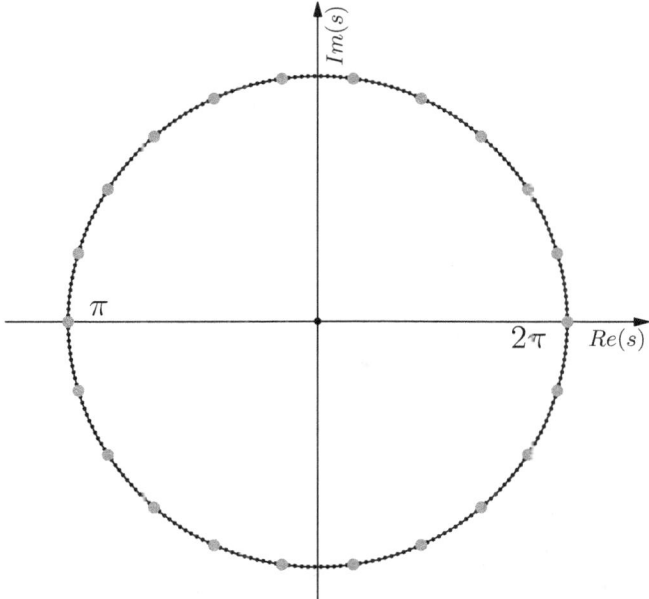

Kuva 1.24: Kun $x = 1/2$, on tarkasteltavien pisteiden tiheys kaksinkertainen

1.4.4 Tiheysfunktion havainnollistaminen

Havainnollistetaan kompleksilukujoukon tiheysfunktiota $\rho_p(s) = 1/p^s$ toisella tavalla ottamalla kaavioihin mukaan kolmas ulottuvuus. Ajatellaan, että avataan ympyräkehälle kiertynyt funktio tarttumalla ympyräkaaren reaalilukuakselilla olevaan pisteeseen, ja vedetään siitä ulospäin spiraaliksi (kuva 1.25).

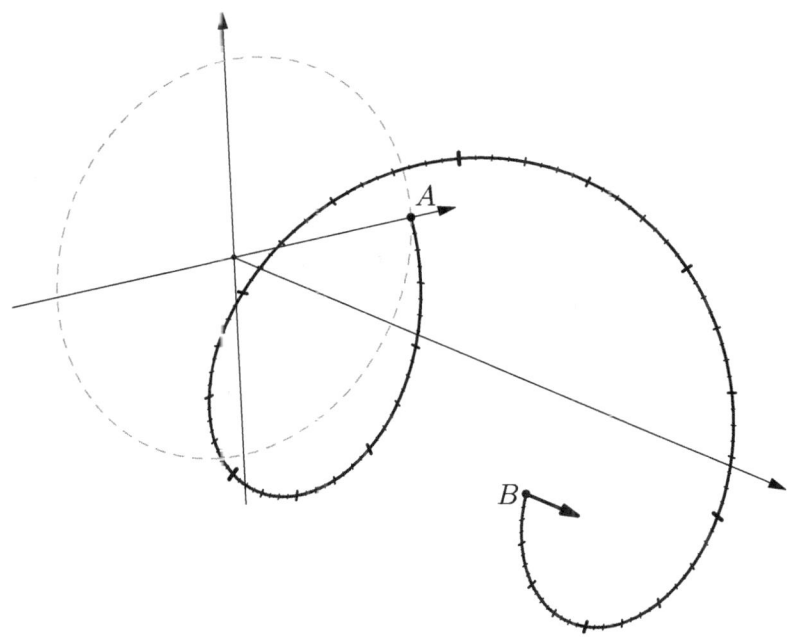

Kuva 1.25: Ympyräkaaren AB venytys spiraaliksi

Tämän johdantona olevan ajatusmallin pohjalta piirretään tiheysfunktion kuvaaja siten, että kolmantena akselina on muuttujan y arvo, ja projisoidaan funktion pisteiden reaalilukukomponentit tasolle $Im(s) = 0$ (ks. kuva 1.26 alla).

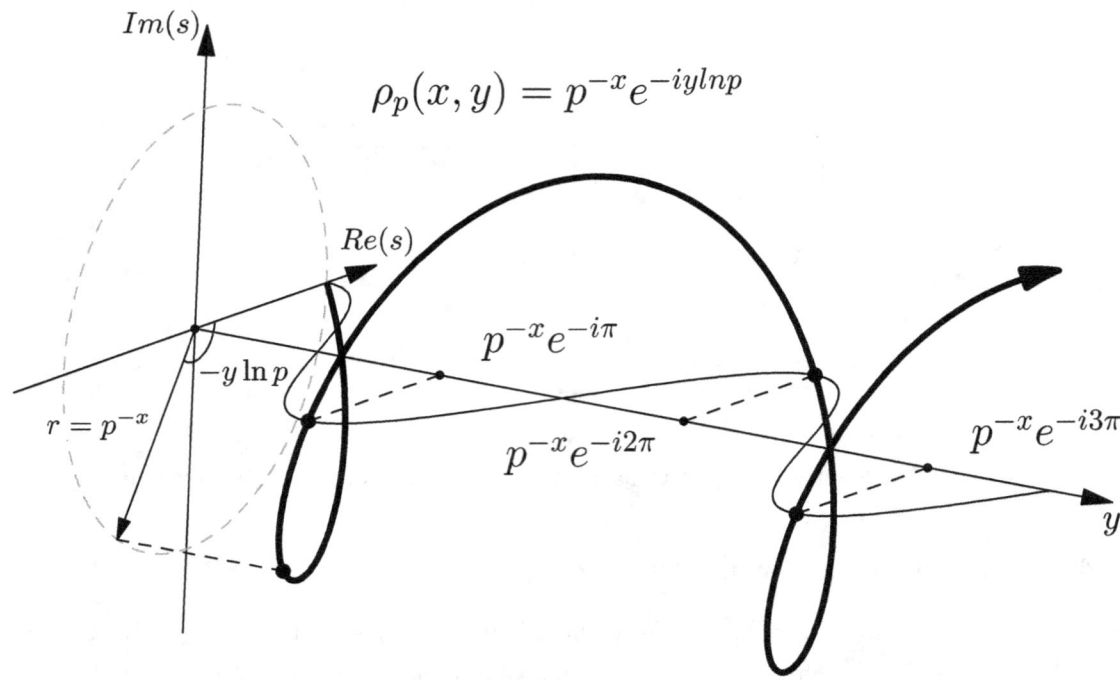

Kuva 1.26: funktion $\rho_p(x, y)$ kuvaaja, $y = [0, -3, 5\pi/\ln p]$

Kyseessä on y-akselin ympäri kiertynyt eksponenttifunktio, mutta käyrän eksponentiaalista luonnetta on vaikea tunnistaa siksi, että käyrää piirtävän polaarikoordinaatiston vektorin kulman $-y\ln p$ asteikko on logaritminen.

Kuvaan on merkitty reaalilukutasolle osuvat pisteet kulman arvoilla $-\pi$, -2π ja -3π. Tasolle $Im(s) = 0$ syntyvä projektiokäyrä näyttää kulloinkin tarkastelun kohteena olevien pisteiden reaaliosan tiheysjakaumaa siten, että jaollisten pisteiden tiheys on minimissään parittomilla kulman π monikerroilla, ja maksimissaan parillisilla kulman π monikerroilla.

Kun funktion ρ_p kuvaajia vertaillaan muuttujan x arvoilla 1 ja 1/2 (kuva 1.27), nähdään niiden reaalilukutason projektioista, että aallonpituus pysyy samana. Muuttujan x arvolla 1/2 ilmenevä kaksi kertaa suurempi amplitudi syntyy tarkasteltavien pisteiden kaksinkertaisesta tiheydestä.

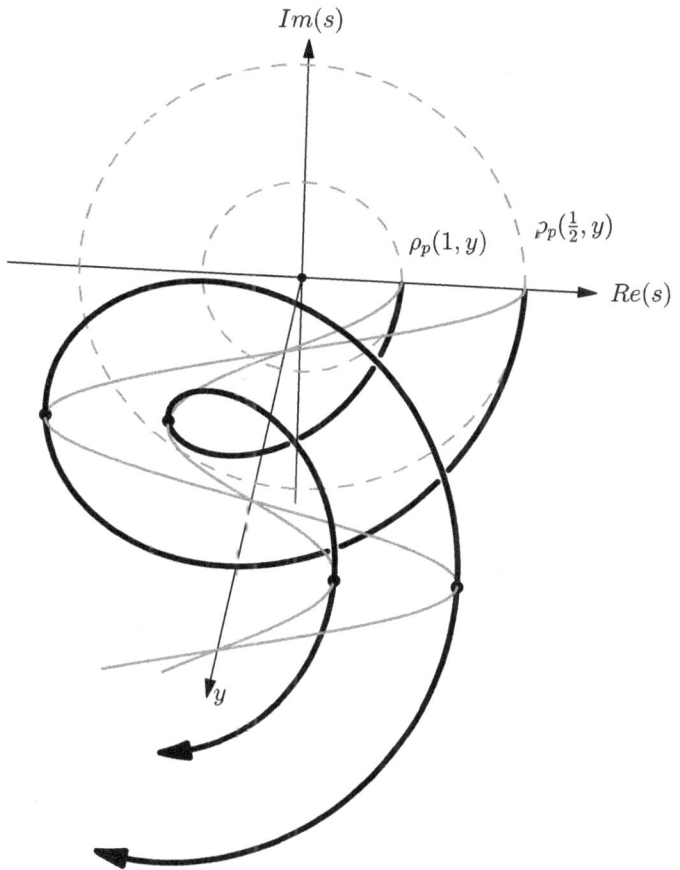

Kuva 1.27: funktion $\rho_p(s) = p^{-s}$ kuvaajia muuttujan x arvoilla yksi ja puoli

Näiden tarkastelujen jälkeen paneudutaan seuraavissa luvuissa tarkastelemaan lähemmin Riemannin zeta-funktiota, ja mitä se laskee.

2 Mitä zeta-funktio laskee?

2.1 Zeta-funktion tarkastelua

Kun $Re(s) > 0$, Riemannin zeta-funktion kaksi yleisintä esitystapaa ovat [1, s. 11]:

$$\zeta(s) = \sum_{n=1}^{\infty} n^{-s} = 1 + \frac{1}{2^s} + \frac{1}{3^s} + \frac{1}{4^s} + \frac{1}{5^s} + \cdots, \tag{2.1}$$

ja

$$\zeta(s) = \prod_p \frac{p^s}{p^s - 1} = \frac{2^s 3^s 5^s \cdots}{(2^s - 1)(3^s - 1)(5^s - 1) \cdots}. \tag{2.2}$$

Tämän tutkimuksen kannalta näistä mielenkiintoisempi on kaava (2.2), jonka esitystapaa kutsutaan keksijänsä nimen mukaan Eulerin tulomuodoksi. Tähän kaavaan tullaan edellä viittaamaan useaan otteeseen.

Luvussa 1.3 todettiin, että funktioilla $\rho_p(x) = 1/p^x$ ja $\rho_p(s) = 1/p^s$ voidaan kuvata alkuluvun p potensseilla jaollisten pisteiden tiheyttä reaaliluku- ja kompleksilukujoukossa. Samoin todettiin, että alkuluvun potensseilla jaottomien pisteiden tiheyttä voidaan kuvata funktiolla

$$\rho_{np}(s) = 1 - \frac{1}{p^s} = \frac{p^s - 1}{p^s}. \tag{2.3}$$

Kaavan (2.3) osoittaja $p^s - 1$ on alkuluvun p potenssilla s jaottomien pisteiden määrä, ja nimittäjä on matka p^s. Kahden eri alkuluvun p_i, p_j potenssilla s jaottomien pisteiden määrä matkalla $p_i p_j$ on tulo $(p_i^s - 1)(p_j^s - 1)$. Kun tätä jatketaan ottamalla tarkasteluun kaikki alkuluvut, saadaan

$$\frac{(2^s - 1)(3^s - 1)(5^s - 1) \cdots}{2^s 3^s 5^s \cdots},$$

eli zeta-funktion käänteisfunktio. Tästä seuraa, että

- *zeta-funktion käänteisfunktio laskee kaikkien alkulukujen p potenssilla s jaottomien pisteiden tiheyttä.*

- *zeta-funkio laskee tuon tiheyden käänteislukua.*

Tarkastellaan seuraavaksi tarkemmin zeta-funktion käänteisfunktion toimintaa, ennen kuin palataan zeta-funktion pariin.

2.2 Zeta-funktion käänteisfunktio

2.2.1 Käänteisfunktion esitystavat

Zeta-funktion käänteisfunktio esitetään usein seuraavassa muodossa [1, s. 241]:

$$\frac{1}{\zeta(s)} = \sum_{n=1}^{\infty} \frac{\mu(n)}{n^s} = 1 - \frac{1}{2^s} - \frac{1}{3^s} - \frac{1}{5^s} + \frac{1}{6^s} - \frac{1}{7^s} + \frac{1}{10^s} - \frac{1}{11^s} + \frac{1}{13^s} + \frac{1}{14^s} + \cdots . \quad (2.4)$$

$\mu(n)$ on Möbiuksen funktio ja s on kompleksilukumuuttuja, jonka reaaliosa $Re(s) > 1$. Eulerin tulomuodon pohjalta esitetty käänteisfunktion kaava on:

$$\frac{1}{\zeta(s)} = \prod_p \frac{p^s - 1}{p^s} = \frac{(2^s - 1)(3^s - 1)(5^s - 1) \cdots}{2^s 3^s 5^s \cdots}, \quad (2.5)$$

jossa siis p käy läpi kaikki alkuluvut. Käänteisfunktion jälkimmäinen esitystapa soveltuu paremmin tämän tutkimuksen tarpeisiin, joten lähdemme etenemään sen pohjalta.

Koska zeta-funktion käänteisfunktio hajaantuu muuttujan s reaaliosan ollessa ≤ 1, tutkitaan seuraavaksi kaavan (2.5) toimintaa tilanteessa, jossa funktion tekijöiden $(p^s - 1)/p^s$ määrä ei ole ääretön. Kyseessä on siten zeta-funktion käänteisfunktion likiarvo.

2.2.2 Osafunktion toiminnan tarkastelua

Aloitamme tarkastelun hyvin yksinkertaisella tapauksella katsomalla, mitä funktion arvoista voidaan havaita muuttujan s arvolla 1, jolloin kaikki tulon tekijät ovat kokonaislukuja. Ensin otetaan tarkasteluun mukaan käänteisfunktion osoittajasta vain muutama tekijä kaavan (2.5) alusta:

$$(2 - 1)(3 - 1) = 2 \times 3 - 3 - 2 + 1 = 2.$$

Lausekkeen tulos 2 merkitsee *muilla kuin alkuluvuilla 2 ja 3 jaollisten kokonaislukujen määrää* matkalla $2 \times 3 = 6$. Nuo luvut ovat 1 ja 5. Edellä olevan lausekkeen osat tarkoittavat seuraavaa:

2×3 = luvulla 1 jaollisten lukujen määrä
3 = luvulla 2 jaollisten lukujen määrä
2 = luvulla 3 jaollisten lukujen määrä
1 = luvulla 2×3 jaollisten lukujen määrä.

2 Mitä zeta-funktio laskee?

Sama pätee riippumatta kaavan (2.5) tuloon lisättävien alkulukutekijöiden määrästä, kunhan tarkasteltavan matkan pituus kasvaa vastaavasti kaikkien tekijöiden tulon pituiseksi. Esimerkiksi yhden tekijän lisäys tuloon antaa tuloksen matkalle $2 \times 3 \times 5 = 30$:

$$(2-1)(3-1)(5-1) = 2 \times 3 \times 5 - 2 \times 5 - 3 \times 5 - 2 \times 3 + 5 + 3 + 2 - 1 = 8.$$

Arvo 8 on siis muilla kuin alkuluvuilla 2, 3 ja 5 jaollisten kokonaislukujen määrä matkalla 30. Nämä luvut ovat 1, 7, 11, 13, 17, 19, 23 ja 29. Tulos syntyy seuraavasti: Ensin luvusta 30 (joka on yhdellä jaollisten lukujen määrä) vähennetään luvuilla 2, 3 ja 5 jaollisten lukujen määrä. Tuolloin vähennetään kuitenkin liian paljon, koska luvut 6, 10 ja 15 ovat jaolliset yhtä aikaa kahdella alkuluvulla. Siksi niiden määrät 5, 3 ja 2 lisätään takaisin. Silloin taas lisätään määrään liian paljon, koska luku 30 on jaollinen yhtä aikaa kolmella alkuluvulla. Siten on tehtävä vielä yksi korjaus, ja vähennettävä välituloksesta luku 1. Näin päädytään lopuksi lukuun kahdeksan.

Kun laskelmaan otetaan mukaan kaavan (2.5) mukaisesti myös nimittäjä, saadaan kyseiselle matkalle skaalattu arvo

$$\frac{2 \times 3 \times 5 - 2 \times 5 - 3 \times 5 - 2 \times 3 + 5 + 3 + 2 - 1}{2 \times 3 \times 5} =$$

$$1 - \frac{1}{2} - \frac{1}{3} - \frac{1}{5} + \frac{1}{10} + \frac{1}{15} - \frac{1}{30} = \frac{8}{30}.$$

Luku $8/30$ on tässä keskimääräinen tiheys muilla kun alkuluvuilla 2, 3 ja 5 jaollisille kokonaisluvuille välillä $[0, 30]$. Tai vaihtoehtoisesti se voidaan katsoa todennäköisyydeksi, jolla kokonaisluku ei ole jaollinen luvulla 2, 3 tai 5 tuolla välillä.

Kun nyt annetaan muuttujan s saada reaalilukuarvoja x, saamme osafunktion

$$\rho_{np}(x) = \frac{(2^x - 1)(3^x - 1)(5^x - 1)}{2^x 3^x 5^x} = 1 - \frac{1}{2^x} - \frac{1}{3^x} - \frac{1}{5^x} + \frac{1}{10^x} + \frac{1}{15^x} - \frac{1}{30^x}, \quad x \in \mathbb{R}.$$

Tuo funktio laskee alkulukujen 2,3 ja 5 potensseilla jaottomien pisteiden reaalilukujoukosssa. Kyseessä on jatkuva funktio, jolloin saadaan yhden keskimääräisen arvon sijaan valitulla muuttujan x arvovälillä kullekin pisteelle paikallinen tulos.

Tarkastelematta reaalilukumuuttujan osafunktiota sen enempää, siirrytään kompleksilukumuuttujan s osafunktioon

$$\rho_{np}(s) = \frac{(2^s - 1)(3^s - 1)(5^s - 1)}{2^s 3^s 5^s} = 1 - \frac{1}{2^s} - \frac{1}{3^s} - \frac{1}{5^s} + \frac{1}{10^s} + \frac{1}{15^s} - \frac{1}{30^s}. \quad (2.6)$$

Funktio laskee alkulukujen 2, 3 ja 5 potensseilla jaottomien pisteiden tiheyttä kompleksilukujoukossa. Tässä nähdään varsin selkeästi, että jaottomien pisteiden tiheysfunktio saadaan lisäämällä ja vähentämällä jaollisten pisteiden tiheysfunktioita oikealla tavalla. Seuraavassa luvussa tarkastelemme tiheysfunktioiden kuvaajia.

2.2.3 Osafunktion kuvaajan tarkastelua

Tarkastellaan seuraavaksi kaavan (2.6) osafunktion osien reaalilukukomponentteja seuraavan kaavan avulla:

$$Re(\rho_p(s)) = \frac{1}{p^x} \cos(-y \ln p).$$

Kosini-funktion sulkujen sisällä olevan miinusmerkki johtuu siitä, että funktion $\rho_p(s) = 1/p^s$ kulma kiertyy myötäpäivään. Sen reaalilukukomponentin kuvaaja on projektio tasolle $Im(s) = 0$ (kuva 2.1).

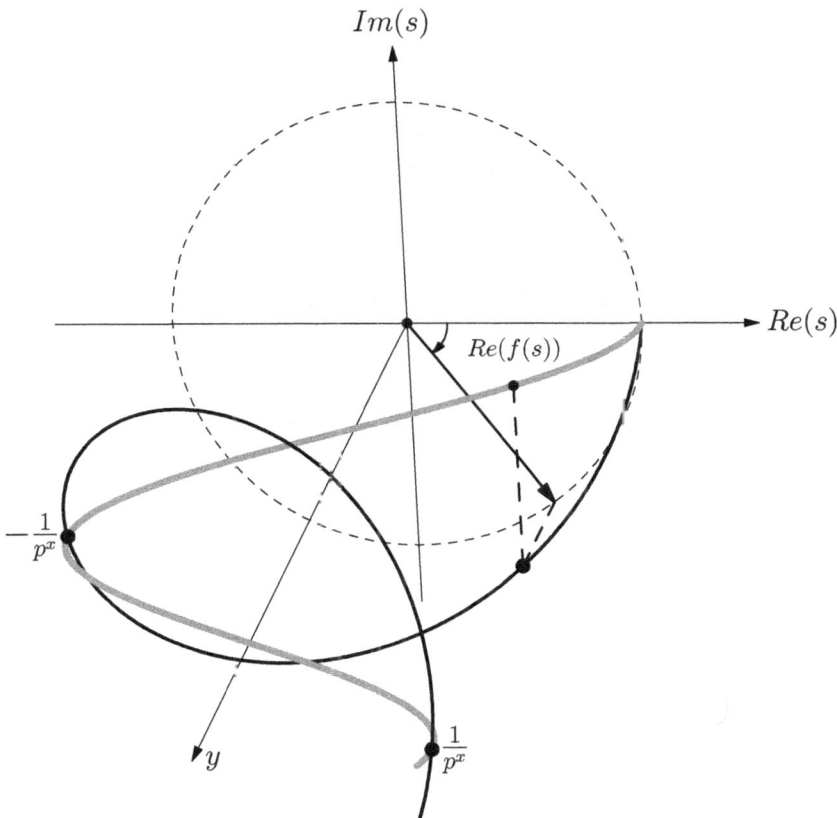

Kuva 2.1: Funktion $f(s)$ reaaliosa on projektio tasolle $Im(s) = 0$

27

2 Mitä zeta-funktio laskee?

Kuvassa 2.2 on esitetty vaiheittain, miten kaavan (2.6) funktion $\rho_{np}(s)$ kuvaaja syntyy sen komponenttien erotusten ja summien kautta. Muuttujan x arvoksi on valittu $1/2$.

- luku 1 edustaa "perustasoa", kaikkien komponenttien kokonaistiheyttä.

- luvusta 1 vähennetään alkulukujen 2, 3 ja 5 potensseilla jaollisten pisteiden tiheys (kuvaaja $1 - 2^{-s} - 3^{-s} - 5^{-s}$).

- tuolloin vähennetään liikaa, joten tulokseen lisätään sellaisten pisteiden tiheys, jotka ovat yhtäaikaa jaolliset kahdella alkuluvulla (kuvaaja $1 - 2^{-s} - 3^{-s} - 5^{-s} + (2 \times 3)^{-s} + (2 \times 5)^{-s} + (3 \times 5)^{-s}$).

- tuolloin lisätään liikaa, ja siksi tuloksesta vähennetään sellaisten pisteiden tiheys, jotka ovat yhtäaikaa jaolliset kaikkien kolmen alkuluvun potensseilla (kuvaaja $1 - 2^{-s} - 3^{-s} - 5^{-s} + (2 \times 3)^{-3} + (2 \times 5)^{-s} + (3 \times 5)^{-s} - (2 \times 3 \times 5)^{-s}$)

Kuvasta on nähtävissä, miten kaikki komponentit vahvistavat toisiaan aiheuttaen selvän huipun silloin, kun komponenttien 2^{-s}, 3^{-s} ja 5^{-s} reaaliosat ovat yhtäaikaa negatiivisia. Tämä johtuu siitä, että kaavan (2.6) jokaisen termin etumerkki on aina negatiivinen, kun termin nimittäjä on syntynyt määrältään parittoman alkulukuvun tulona (esimerkiksi $1/30^s = 1/(2 \times 3 \times 5)^s$. Ja termin etumerkki on positiivinen aina, kun termin alkulukutekijöiden määrä on parillinen (esim. $1/10^s = 1/(2 \times 5)^s$). Silloin lausekkeen kaikkien termien etumerkki muuttuu positiiviseksi, kun kaikkien osafunktioiden p^{-s} reaaliosa on negatiivinen. Näin kuvaajan arvo on sitä suurempi, mitä enemmän kuvan 2.2 osafunktiot ovat y-akselin alapuolella.

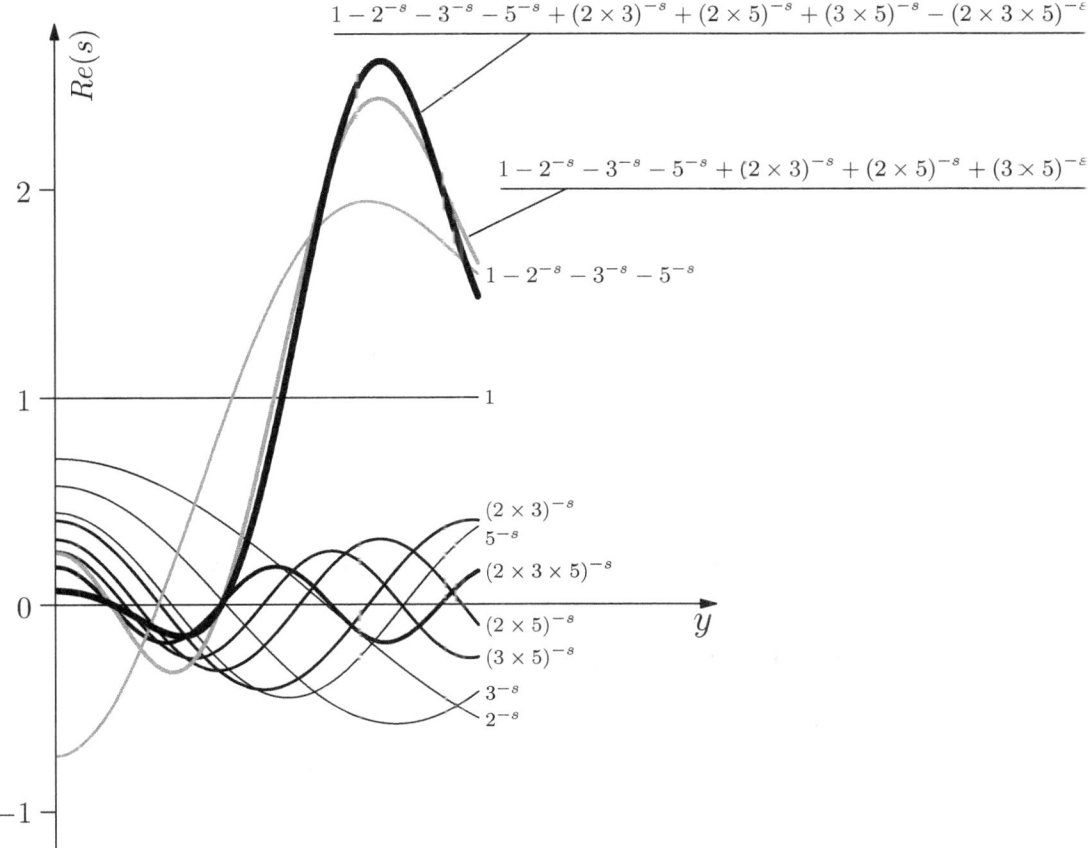

Kuva 2.2: Kaavan (2.6) funktion f reaalilukukomponentin syntyminen vaiheittain

Näin kuuluu ollakin, koska funktio laskee alkuluvun potensseilla jaottomien pisteiden tiheyttä. Aikaisemmin on jo todettu, että kosinin negatiivinen arvo merkitsee alkuluvun potenssilla jaottomien pisteiden tiheysmaksimia reaalilukuakselilla. Silloin suurin tiheys alkulukujen (2, 3 ja 5) potensseilla jaottomille pisteille kuuluu olla paikoissa, joissa komponenttien negatiiviset itseisarvot ovat suurimmillaan.

Funktion $\rho_{np}(s)$ arvon imaginääriosa kulkeutuu vastaavasti nollan läheisyyteen samalla kun reaaliosa on suurimmillaan. Seuraavassa kuvassa 2.3 on merkitty nuolella ja pistekatkoviivalla kohta, jossa sijaitsee funktion reaaliosan maksimi. Reaalilukukomponentin maksimi ei kuitenkaan tässä osu täysin imaginaarilukukomponentin nollan kohdalle, koska tässä lasketaan vasta kolmen ensimmäisen alkuluvun potensseilla jaottomien pisteiden tiheyttä. Funktioon tarvitaan oma tekijä jokaista alkulukua kohden, eli ääretön määrä tekijöitä, ennen kuin imaginääriosa on täsmälleen nolla reaaliosan maksimin kohdalla.

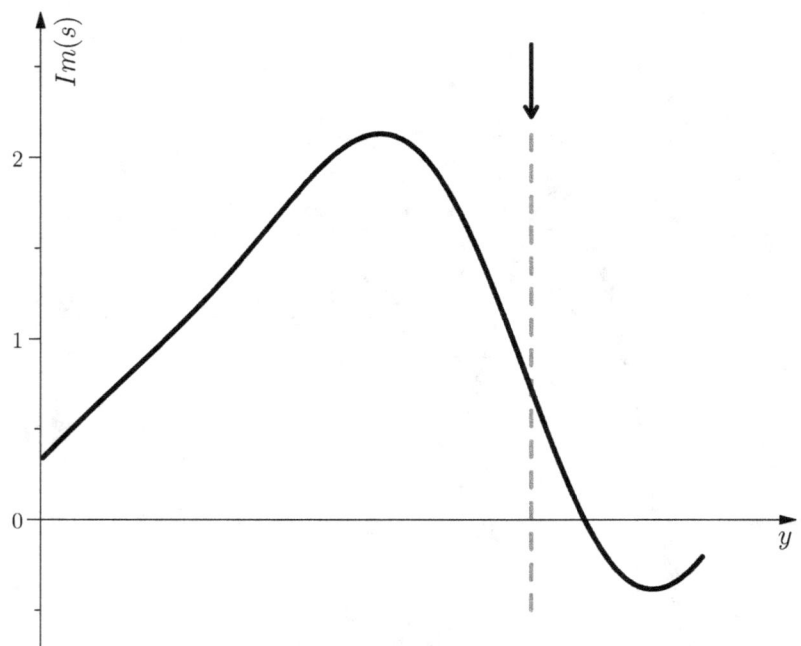

Kuva 2.3: Kaavan (2.6) funktion $\rho_{np}(s)$ arvon imaginääriosan kuvaaja

2.2.4 Laajemman osafunktion kuvaaja

Otetaan kaavaan (2.6) mukaan vielä tekijä $(7^s - 1)/7^s$, ja tarkastellaan samankaltaista kuvaajaa, antaen y:n arvon kasvaa hieman yli ensimmäisen zeta-funktion nollakohtapisteen (kuva 2.4). Nollakohdan sijainti on merkitty kuvassa mustalla pystykatkoviivalla.

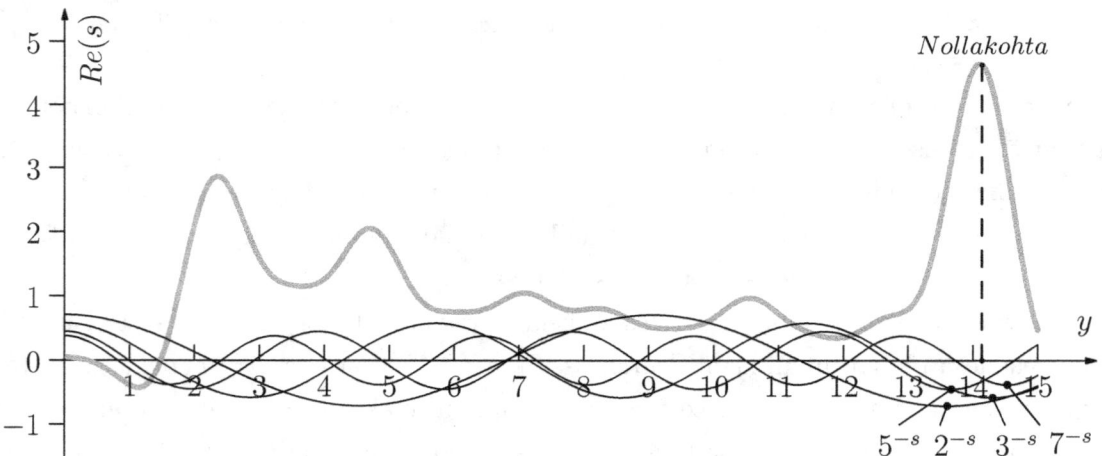

Kuva 2.4: Neljän tekijän tiheysfunktio ja ensimmäinen zetan nollakohta

Syntynyt harmaa käyrä näyttää reaaliosan alkulukujen 2, 3, 5 ja 7 potensseilla jaottomien pisteiden tiheydestä. Arvojoukko on laskettu x:n arvolla 1/2. Kuvaan on piirretty zeta-funktion ensimmäisen nollakohdan sijainti ($y \approx 14,13472\ldots$). Käyrän paikallinen maksimipiste on jo selkeästi muotoutumassa. Siihen tarvitaan suhteellisen pieni joukko alkulukutekijöitä, koska ensimmäisten alkulukutekijöiden vaikutus käyrän korkeuteen on suurin.

Ei ole sattumaa, että kuvaan piirrettyjen tiheysfunktion komponenttien $1/2^s$, $1/3^s$, $1/5^s$ ja $1/7^s$ mustilla pisteillä merkityt paikalliset minimipisteet osuvat lähelle ensimmäistä nollakohtaa ja paksulla harmaalla piirretyn tiheyskäyrän huippua. Osafunktioiden $\rho_p = 1/p^s$ reaaliosan minimipisteet saavutetaan kulman arvolla $-(2n-1)\pi$, $n \in \mathbb{N}$, missä alkuluvun potenssilla jaottomien pisteiden reaaliosien tiheydellä on paikallinen maksimi (ks. luku 1.4.2). Tästä johtuu vahva paikallinen nousu kuvan 2.4 käyrässä.

Näiden komponenttien minimiarvojen kautta syntyvät zeta-funktion nollakohdat. Siihen tarvitaan kuitenkin ääretön määrä osafunktioita $(p^s - 1)/p^s$. Tähän nollakohtien syntymekanismia käsitellään tarkemmin luvussa 5.

Edellä olevassa kuvassa 2.5 on kaavan (2.6) avulla laskettu reaaliosan kuvaaja 50 ensimmäisen alkulukutekijän kanssa. Kuvaan on merkitty mustilla pisteillä kuuden ensimmäisen zeta-funktion nollakohdan sijainti. Tiheysfunktion reaaliosan maksimien synty on jo selvästi havaittavissa.

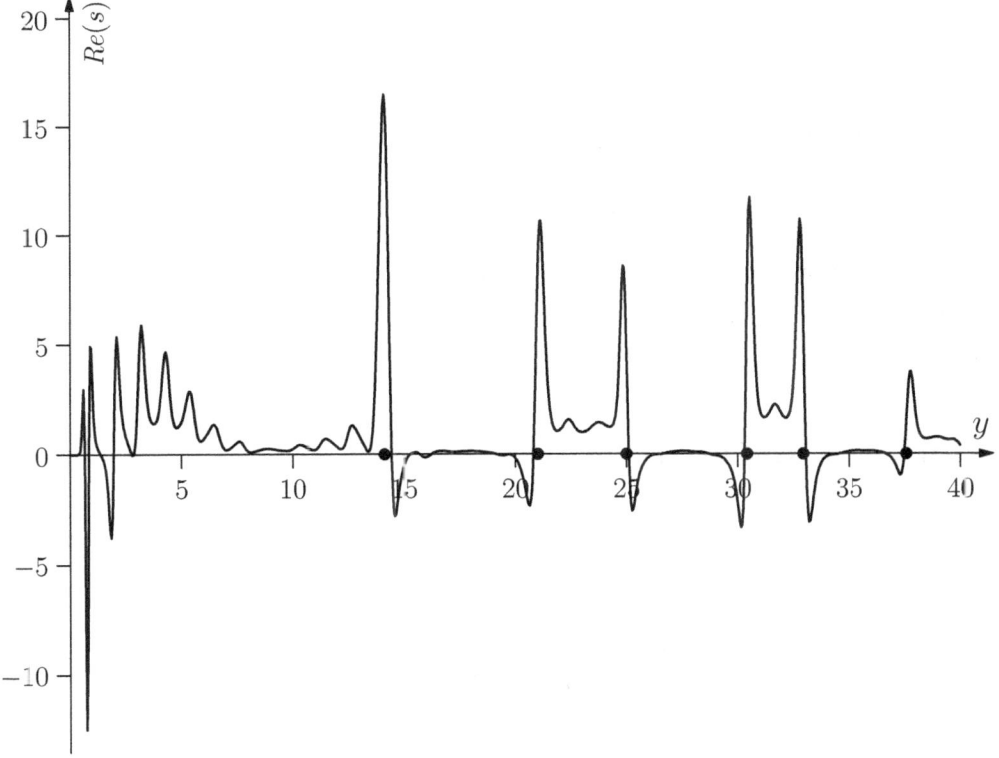

Kuva 2.5: Funktion (2.5) reaaliosan kuvaaja 50 ensimmäisen alkulukutekijän osalta

2.2.5 Uusi käänteisfunktion kaavan esitystapa

Jotta zeta-funktion käänteisfunktion tapa laskea alkuluvun potensseilla jaottomien pisteiden tiheyttä ilmenisi paremmin, sen esitystapaa kannattaa muuttaa edellä esittettyjen havaintojen pohjalta seuraavasti:

Kerrotaan osoittajasta kaikki sulut auki, ja ryhmitellään yhteen saman tekijämäärän tulot

$$\frac{1}{\zeta(s)} = \frac{1 - (2^s + 3^s + \cdots) + (2^s 3^s + 3^s 5^s + 2^s 5^s + \cdots) - (2^s 3^s 5^s + 2^s 3^s 7^s + 2^s 5^s 7^s + \cdots) + \cdots}{2^s 3^s 5^s \cdots},$$

ja jaetaan jokainen osoittajan termi nimittäjällä, jolloin saamme funktion muodoksi

$$\frac{1}{\zeta(s)} = 1 - \sum p_i^{-s} + \sum_{i \neq j}(p_i p_j)^{-s} - \sum_{i \neq j \neq k}(p_i p_j p_k)^{-s} + \cdots + \prod_p p_i^{-s}. \qquad (2.7)$$

Tätä voi tulkita sanallisesti seuraavasti:

- ota mielivaltaisen monta (n) alkuluvun potenssilla jaollisten pisteiden tiheysfunktiota $2^{-s}, 3^{-s}, \ldots, p_n^{-s}$

- vähennä luvusta yksi kaikkien näiden tiheysfunktioiden arvojen summa

- lisää edelliseen tiheysfunktioiden tulojen 2-kombinaatioiden summa

- vähennä edellisestä tiheysfunktioiden tulojen 3-kombinaatioiden summa

- jatka tätä kunnes päädyt tekijään $2^{-s} 3^{-s} 5^{-s} \cdots p_n^{-s}$

Näin siis voidaan saada jaottomien pisteiden tiheysfunktion likiarvo halutulla tarkkuudella, jopa x:n arvovälillä $(0, 1]$. Muuttujan y ollessa lähellä nollaa voimakas funktion hajaantuminen toki vaikeuttaa arvojen tarkastelua.

2.3 Jatkoa zeta-funktion tarkastelulle

Otetaan aluksi tarkastelun kohteeksi Eulerin tulomuodon yksi tekijä kaavasta (2.2):

$$\frac{p^s}{p^s - 1}, \quad 2 < p < p_n.$$

Edellisten lukujen pohjalta tiedetään, että kyseessä on alkuluvun p potensseilla s jaottomien pisteiden tiheysfunktion käänteisfunktio, eli

$$\frac{p^s}{p^s - 1} = \frac{1}{1 - \frac{1}{p^s}} = \frac{1}{\rho_{np}}.$$

Tässä p^s on tarkastelun kohteena oleva matka, ja $p^s - 1$ on luvulla p^s jaottomien pisteiden määrä kyseisellä matkalla. Suhdeluku $p^s/(p^s - 1)$ on siten matkan suhde alkuluvun p potenssilla s jaottomien pisteiden määrään.

Edellä kuvassa 2.6 tarkastellaan zeta-funktion kolmen ensimmäisen alkuluvun 2, 3 ja 5 reaalilukukomponenttien arvoja, kun muuttujan x arvo on 1. Siitä nähdään jaottomien pisteiden osuuksien vaihtelut muuttujan y funktiona.

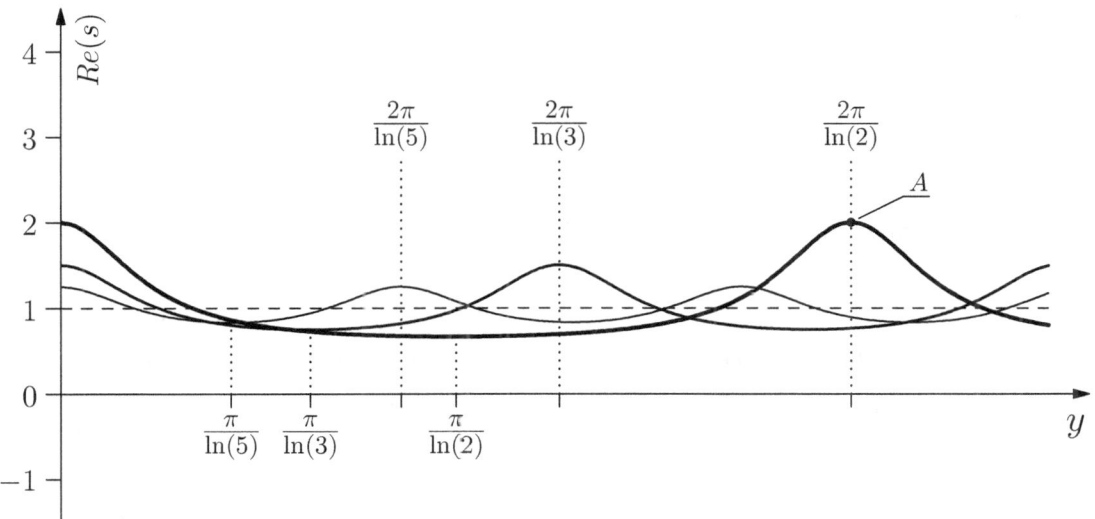

Kuva 2.6: Zeta-funktion kolmen ensimmäisen tekijän reaalilukuosa ($x = 1$)

Kuvasta nähdään havainnollisesti, miten kaikilla kaavan (2.2) zeta-funktion komponenteilla maksimit ovat kulman $n2\pi$ arvoilla, ja minimit kulman $n(2\pi - 1)$ arvoilla. Korkein maksimi on alkuluvun kaksi komponentilla $2^s/(2^s - 1)$, koska alkuluvun kaksi potenssilla jaollisia pisteitä on suhteellisesti eniten. Tuon maksimipisteen (kuvassa merkki A) arvo 2 kertoo, että kulman $n2\pi$ kohdalla on puolet (= luvun 2 käänteisluku) pisteistä sellaisia, joiden reaaliosa on luvulla $2^{1-i0} = 2$ jaottomia, kun $x = 1$.

Vastaavasti edellä olevassa kuvassa 2.7 nähdään tekijän $5^s/(5^s - 1)$ reaalilukuosan avulla, että reaalilukuosaltaan alkuluvulla 5 jaottomien pisteiden osuus vaihtelee välillä $[4/5, 6/5]$, kun $x = 1$.

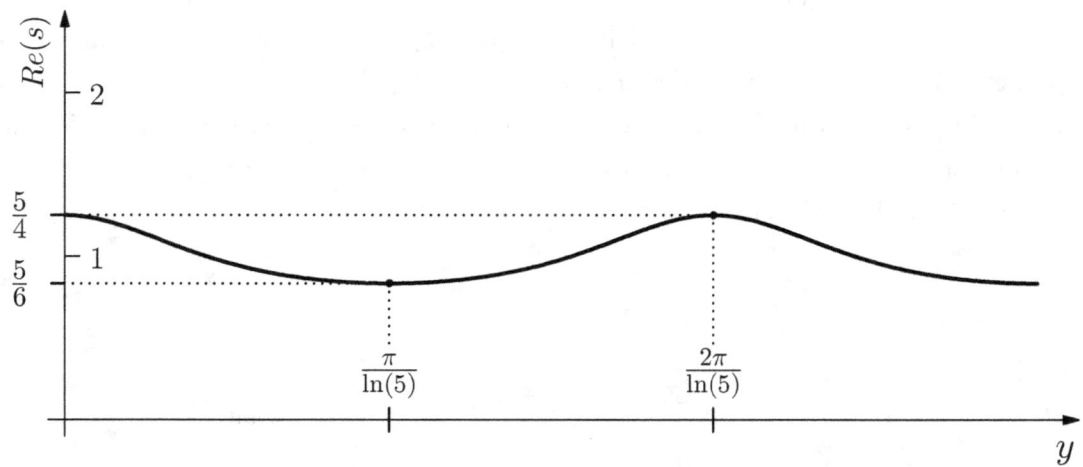

Kuva 2.7: Zeta-funktion alkulukutekijän 5 reaalilukuosa, $x = 1$

Seuraava kuva 2.8 havainnollistaa polaarikoordinaatistossa sitä, että luvulla p^s jaotto-mien pisteiden osuus vaihtelee huomattavasti vähemmän kuin tarkasteltavien pisteiden määrä, eron kasvaessa nopeasti alkuluvun p itseisarvon kasvaessa.

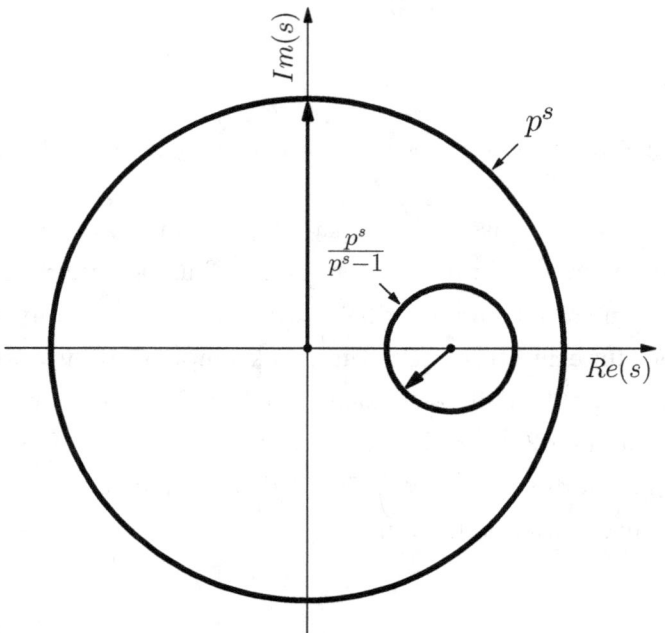

Kuva 2.8: Jaottomien pisteiden funktion ja kaikkien tarkasteltavien pisteiden funktion kuvaaja

Koska $(p_i^s - 1)(p_j^s - 1)$ on alkulukujen p_i ja p_j potenssilla s jaottomien pisteiden määrä matkalla $p_i^s p_j^s$, laskee tulo $p_i^s p_j^s / (p_i^s - 1)(p_j^s - 1)$ kaikkien matkan $p_i^s p_j^s$ pisteiden suhdetta luvuilla p_i^s ja p_j^s jaottomiin pisteisiin. Kun tähän tuloon lisätään kaikkien alkulukujen komponentit zeta-funktion mukaisesti, voidaan todeta, että

- *zeta-funktio laskee kaikkien pisteiden suhteellista osuutta alkuluvun potenssilla jaottomiin pisteisiin.*

Seuraako tästä se, että zeta-funktion nollakohdissa kyseisellä muuttujan s arvolla kaikki tarkastelun kohteena olevat pisteet ovat alkuluvun potenssilla jaottomia? Ei seuraa. Kun tarkastelun kohteena ovat alkuluvun potensseilla jaolliset pisteet, ei maalijoukossa ole pistettä, joka ei olisi jaollinen jollakin alkuluvun potenssilla. Jos piste ei kuulu parittoman alkuluvun potenssilla jaollisten pisteiden joukkoon, se kuuluu kahden potenssilla jaollisten joukkoon. Zeta-funktion tilanne vastaa tilannetta, jossa funktio laskee kokonaislukujen joukosta suhteellista määrää luvuille, jotka eivät ole jaolliset millään alkuluvulla. Tällaista lukua ei ole olemassa. Tämä ristiriita on taustasyynä zeta-funktion pyrkimykselle hajaantua.

Toisaalta voidaan todeta, että koska joka toinen piste on parillinen ja joka toinen pariton, niin logaritmisella asteikolla tarkasteltaessa kahden potenssilla jaollisten ja jaottomien pisteiden tiheys lähestyy toisiaan kaikilla pisteillä, kun tarkasteltavien pisteiden etäisyys lähestyy nollaa. Siksi zeta-funktion ja edellä luvussa 3.2 esitettävän eeta-funktion nollakohdat ovat samat.

Luvun yksi lisääminen zeta-funktion tekijöiden tuloon tuo tietyllä tapaa paremmin esille funktion toiminnan:

$$\zeta_n(s) = 1 \times \frac{2^s}{2^s - 1} \times \frac{3^s}{3^s - 1} \times \frac{5^s}{5^s - 1} \times \ldots \times \frac{p_n^s}{p_n^s - 1} \tag{2.8}$$

Jokainen zeta-funktion tulon tekijä $p^s/(p^s - 1)$ on kuin suodatin, joka suodattaa tuloksesta pois kyseisen alkuluvun potensseilla jaolliset pisteet.

- $1 \times \frac{2^s}{2^s-1}$ suodattaa luvusta 1 alkuluvun 2 potenssilla jaollisen osan

- $\frac{3^s}{3^s-1}$ suodattaa edellisestä alkuluvun 3 potenssilla jaollisen osan

- jne..

Edellä on kaaviokuva kaavan (2.8) kolmen ensimmäisen tekijän tulosta ($n = 3$), kun $x = 1/2$. Voimakkaasti hajaantuva osa pystyakselin läheltä on jätetty pois kaaviosta. Kuvassa on merkitty pisteillä zeta-funktion kahden ensimmäisen nollakohdan $r1$ ja $r2$ sijainti. Nähdään että tekijöiden tulon arvot ovat jo tässä vaiheessa nollakohtien kohdalla selvästi keskimääräistä lähempänä y-akselia.

2 Mitä zeta-funktio laskee?

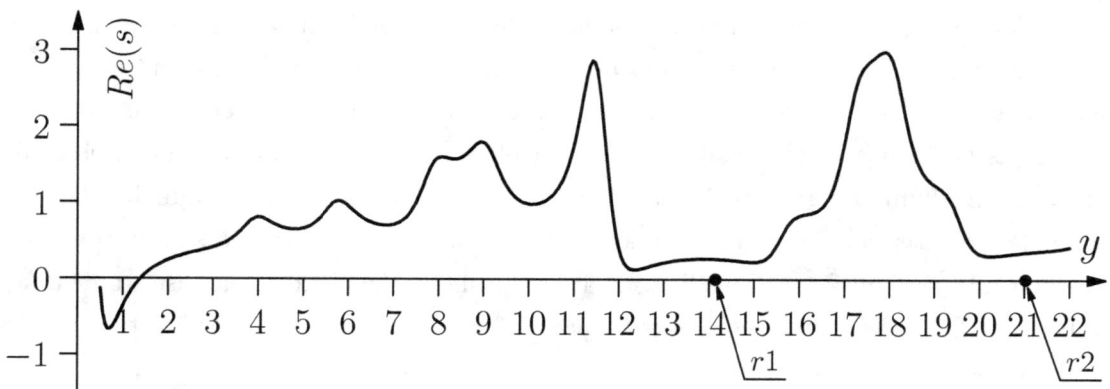

Kuva 2.9: Zeta-funktion kolmen ensimmäisen tekijän tulo ($x = 1/2$)

Koska alkulukuja on yhä harvemmassa alkulukujen itseisarvon kasvaessa, uudet tekijät muuttavat zeta-funktion tekijöiden tulossa jaottomien pisteiden määrän suhdetta yhä vähemmän ja vähemmän. Siten tekijöiden $p^s/(p^s - 1)$ tulo lähestyy zeta-funktion nollapisteitä jatkuvasti hidastuvalla vauhdilla. Kun funktion kuvaajaa tarkastellaan polaarikoordinaatistossa, jokainen nollakohtaa vastaava piste lähestyy origoa edellä mainittujen tekijöiden määrän kasvaessa. Tässä nollakohtaa vastaavalla pisteellä tarkoitetaan pistettä, jonka arvo on saatu sellaisella muuttujan s arvolla, jolla zeta-funktion nollakohta syntyy ($s_1 = 1/2 + i14.13\ldots$, $s_2 = 1/2 + i21.02\ldots$, jne.). Seuraavassa kuvassa (kuva 2.10) on esitetty polaarikoordinaatistossa, miten zeta-funktion kahtakymmentä ensimmäistä $\zeta_n(s)$ nollakohtaa vastaavat pisteet lähestyvät arvoa nolla, kun tekijöiden määrä nousee arvosta 1 arvoon 4000. Pisteet eivät toki lähesty origoa suoraan kuvassa olevia vektoreita pitkin kulkien. Vektorit näyttävät mitkä lähtöpisteet liittyvät kuhunkin loppupisteeseen.

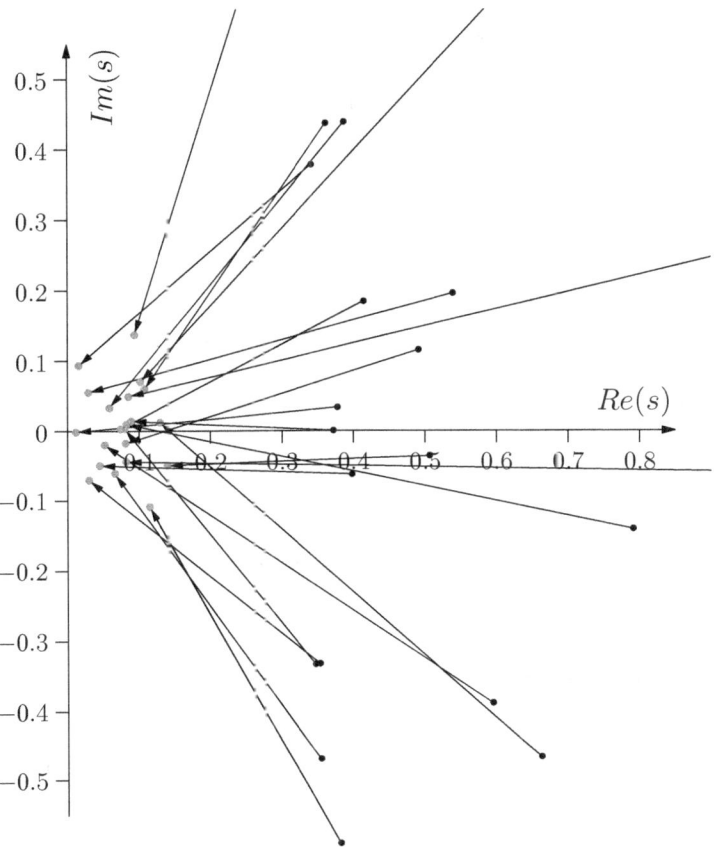

Kuva 2.10: Funktion $\zeta_n(s)$ nollakohtia vastaavat pisteet lähestyvät arvoa nolla, kun tekijöiden määrä kasvaa

2.4 Alkuluku 2 erityistapauksena

Alkuluku 2 vaikuttaa merkittävästi zeta-funktion nollakohtien määrään ja sijaintiin. Tämä johtuu toisaalta siitä, että numero 2 on ainoa parillinen alkuluku, ja toisaalta siitä, että se on alkuluvuista pienin. Luvussa 2.4.2 todettiin pisteiden tiheysfunktion $\rho_p(s) = 1/p^s$ kosinilausekkeen etumerkin kertovan, onko kyseisellä muuttujan s argumentin arvolla luvulla p^s jaollisten vai jaottomien pisteiden reaaliosan tihentymä. Alkuluku 2 tuo symmetriaominaisuuksiensa vuoksi tähän sääntöön poikkeuksen. Edellä kuva 2.11 havainnollistaa, kuinka parillisella luvulla jaettaessa ympyräkaaren jakopisteet sijaitsevat symmetrisesti pystyakselin molemmin puolin. Siten myös negatiivinen kosinin arvo merkitsee jaollista pistettä, kun positiivinen kosinin arvo osuu jaolliser pisteen kohdalle. Eli toisin kuin kaikilla parittomilla alkuluvuilla, myös kulman $(2n-1)\pi$ kohdalla on alkuluvulla 2 potenssilla jaollinen piste.

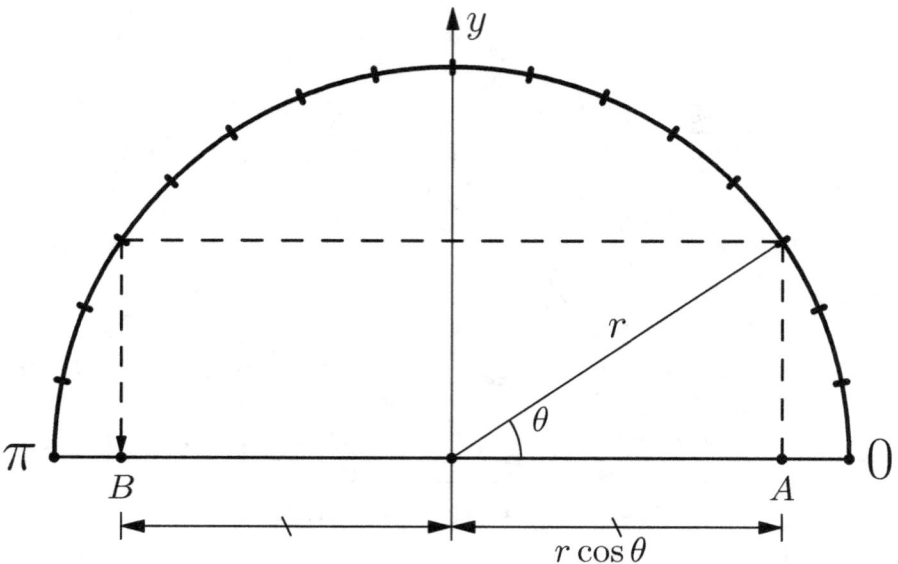

Kuva 2.11: Parillisella luvulla jaolliset pisteet sijaitsevat symmetrisesti pystyakselin molemmin puolin

Tarkastellaan tämän vuoksi hieman tarkemmin osafunktioiden 2^s ja $2^s/(2^s-1)$ kuvaajia polaarikoordinaatistossa kulman $(2n-1)\pi$ kohdalla, kun $x = 1/2$. Edellä olevasta kuvasta 2.12 voi saada ensivaikutelmana sen mielikuvan, että luvun kaksi potenssilla jaottomien ja jaollisten pisteiden tiheys olisi erisuuri kulman pii parittomilla monikerroilla.

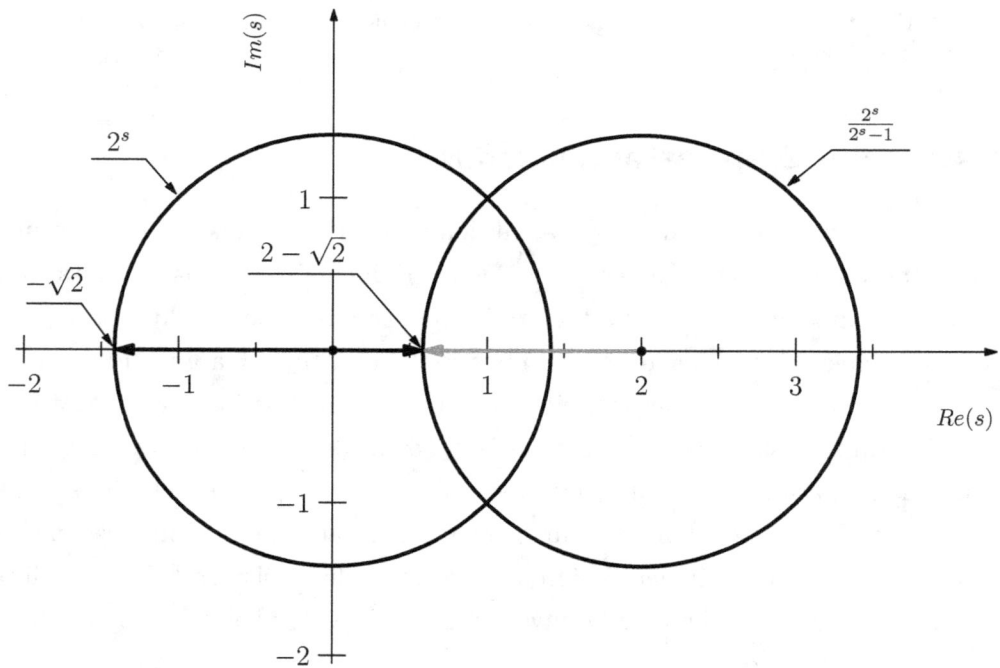

Kuva 2.12: Osafunktioiden kuvaajat, kun $x = 1/2$

Seuraava kuva 2.13 näyttää nämä vektorit logaritmisella asteikolla kulman π kohdalla. Osafunktiot tuottavat silloin arvot $\pm(1/2)\ln 2$. Näin voidaan todeta, että kulman $(2n-1)\pi$ kohdalla alkuluvun kaksi potenssilla jaollisten pisteiden tiheys sama kuin sillä jaottomien pisteiden tiheys, kun $x = 1/2$. Eli kulma on samalla sekä kahden potenssilla jaollisten pisteiden tiheysmaksimi ja tiheysminimi. Tämä luvun kaksi ominaisuus on vaikuttamassa siihen, että zeta-funktio pyrkii hajaantumaan määrittelyjoukon muuttujan x arvovälillä $(0, 1)$.

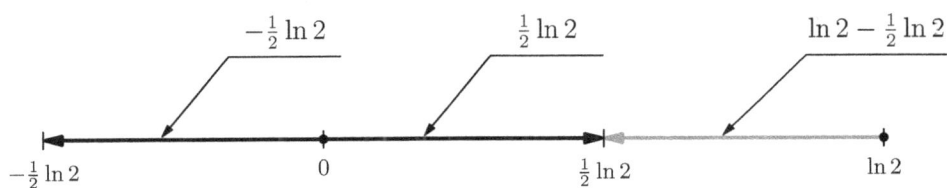

Kuva 2.13: Osafunktioiden arvot kulman π kohdalla, kun $x = 1/2$

2.5 Huomio zeta-funktion hajaantumisesta

Edellä olevasta kuvasta 2.14 on nähtävissä, miten y:n lähestyessä arvoa nolla zeta-funktio muuttuu suppenemisen osalta ongelmalliseksi. Tuolloin kaikkien tekijöiden reaaliosat ovat positiivisia, ja arvoltaan yli yksi, minkä seurauksena zeta-funktio hajaantuu. Tuo alue on merkitty kuvaan harmaalla vinoviivoituksella.

Muualla tilanne on hieman vähemmän ongelmallinen, koska tekijöiden reaaliosien vaihtelut luvun yksi molemmin puolin tasaavat tilannetta. Toisaalta nollakohtien tarkastelun osalta alue, jossa $y < \pi/\ln 3$ ei ole välttämättä kovin kiinnostava, koska funktion hajaantumisen vuoksi sinne ei voi syntyä nollakohtaa.

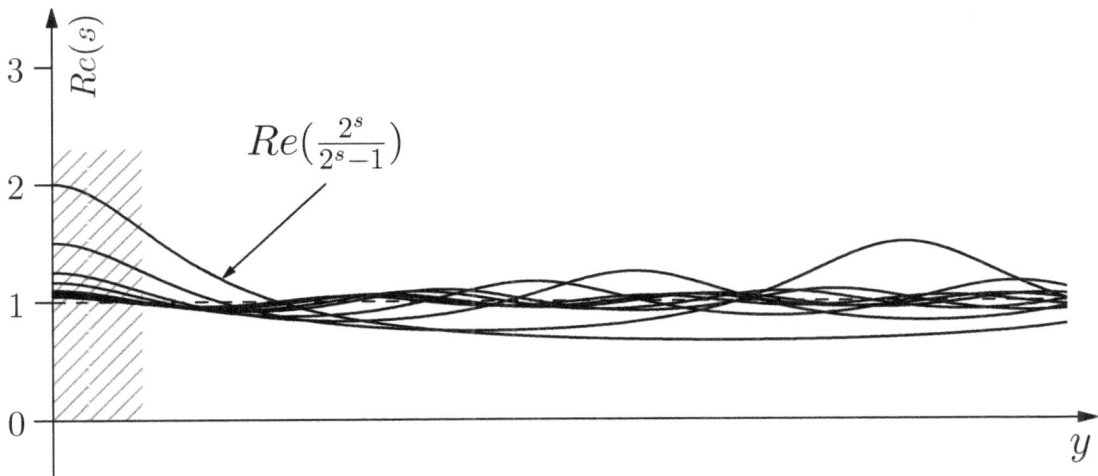

Kuva 2.14: Kaikkien zeta-funktion tekijöiden reaaliosat ovat > 1, kun $y \to 0$. Tässä $x = 1$

3 Eeta-funktio

Eeta-funktion käyttö tuo ratkaisun zeta-funktion hajaantumisongelmaan nollakohtien tarkastelussa. Tässä luvussa tarkastellaan miksi näin on, ja mitä eeta-funktio laskee. Dirichletin eeta-funktion kaava on [1, (s. 49)], [2, (s. 147)]:

$$\eta(s) = (1 - 2^{1-s})\zeta(s). \tag{3.1}$$

Sitä voidaan käyttää zeta-funktion arvojen laskennassa, koska tekijä $(1-2^{1-s})$ muuttaa funktion suppenevaksi arvovälillä $Re(s) = (0, 1)$. Siten voidaan saada zeta-funktion arvo tuolla arvovälillä laskemalla ensin eeta-funktion arvo, ja jakamalla tulos tekijän $(1-2^{1-s})$ arvolla. Muutetaan ensin eeta-funktion ensimmäisen tekijän esitystapaa:

$$1 - 2^{1-s} = \frac{2^s - 2}{2^s}.$$

Tämän jälkeen avataan kaavan (3.1) zeta-funktio käyttäen Eulerin tulomuotoa (2.2):

$$\eta(s) = \left(\frac{2^s - 2}{2^s}\right)\frac{2^s 3^s 5^s \cdots}{(2^s - 1)(3^s - 1)(5^s - 1)\cdots}.$$

Supistetaan luku 2^s ensimmäisen tekijän nimittäjästä sekä toisen tekijän osoittajasta:

$$\eta(s) = \left(\frac{2^s - 2}{\not{2^s}}\right)\left(\frac{\not{2^s}}{2^s - 1}\right)\left(\frac{3^s}{3^s - 1}\right)\left(\frac{5^s}{5^s - 1}\right)\cdots,$$

jolloin saadaan esitysmuodoksi

$$\eta(s) = \left(\frac{2^s - 2}{2^s - 1}\right)\left(\frac{3^s}{3^s - 1}\right)\left(\frac{5^s}{5^s - 1}\right)\cdots. \tag{3.2}$$

Kun nyt verrataan eeta-funktiota zeta-funktion Eulerin tulomuotoon, voidaan todeta, että sen ensimmäinen tekijä saa osoittajaansa lisää termin -2 ja muut tekijät säilyvät ennallaan.

Tarkastellaan näitä eeta-funktion ja zeta-funktion ensimmäisiä tekijöitä kahden edellä olevan kaaviokuvan avulla (kuvat 3.1 ja 3.2):

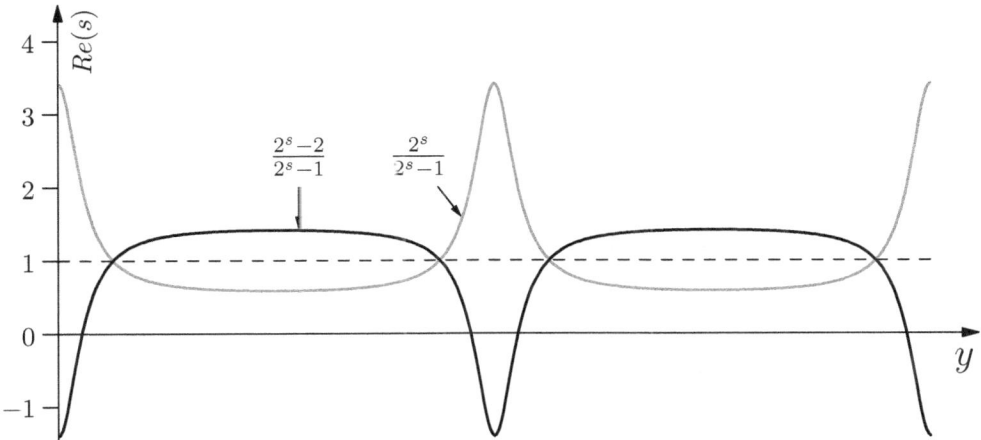

Kuva 3.1: Osafunktioiden ensimmäisten tekijöiden vertailua ($x = 1/2$)

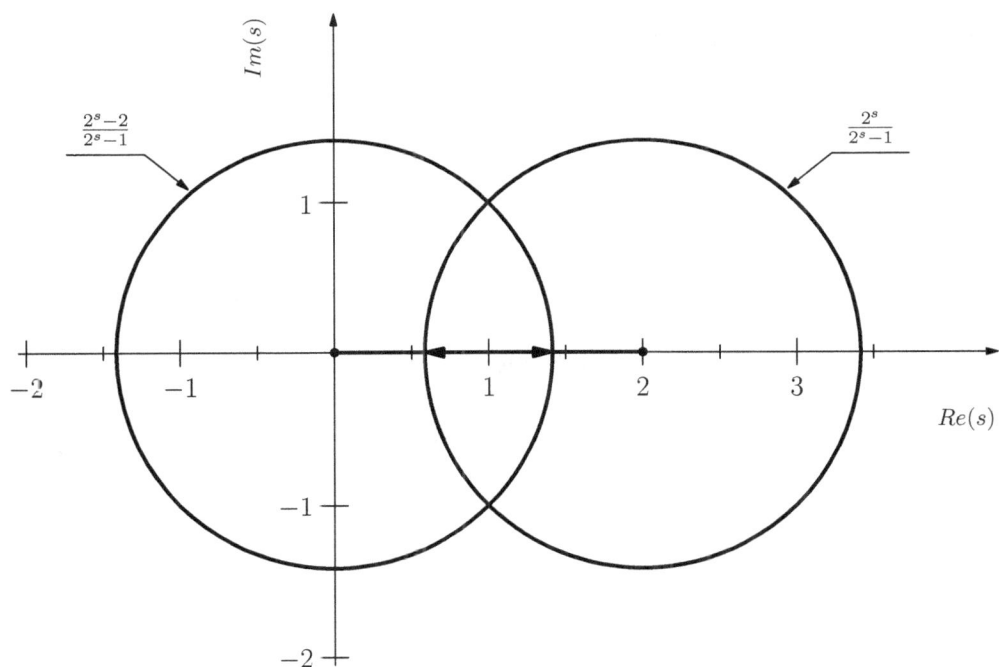

Kuva 3.2: Osafunktioiden ensimmäisten tekijöiden vertailua ($x = 1/2$)

Kuvien avulla voidaan havaita, että eeta-funktiossa tulon ensimmäinen tekijä on peilautunut suoran $Re(s) = 1$ suhteen zeta-funktion vastaavaan tekijään verrattuna. Niistä nähdään, että kun $x = 1/2$ ja kulma$= (2n - 1)\pi$, niin funktioiden arvoja osoittavat vektorit ovat itseisarvoltaan $\sqrt{2}$ ja ovat symmetrisesti luvun 1 suhteen.

41

3 Eeta-funktio

Seuraava kuva 3.3 näyttää nämä vektorit logaritmisella asteikolla. Ne sijoittuvat symmetrisesti pisteen $(1/2)\ln 2$ molemmin puolin. Siten luvun 2 potenssilla jaollisuutta ja jaottomuutta osoittavan osafunktion arvon itseisarvo on sama, mutta argumentti eli kulma on vastakkainen.

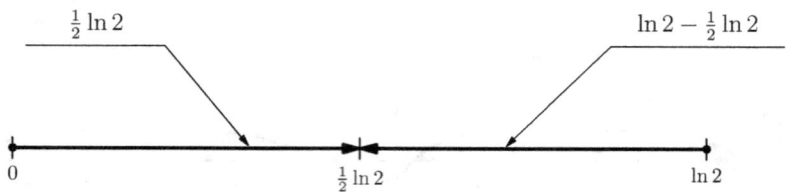

$\frac{1}{2}\ln 2$

$\ln 2 - \frac{1}{2}\ln 2$

0

$\frac{1}{2}\ln 2$

$\ln 2$

Kuva 3.3: Vektorit logaritmisella asteikolla

Edellisten seikkojen pohjalta voidaan todeta, että eeta-funktion (3.2) ensimmäisen tekijän osoittajaan lisätty termi -2 muuntaa tuon osafunktion laskemaan alkuluvulla 2 *jaollisten pisteiden* suhteellista osuutta. Tämä eeta-funktion ensimmäinen tekijä näyttää myös sen, että kun $x = 1/2$ (ja vain silloin), on kulman $(2n - 1)\pi$ kohdalla alkuluvun kaksi potenssilla jaollisten pisteiden tiheys sama kuin sillä jaottomien pisteiden tiheys.

Tästä seuraa:

- *eeta-funktion käänteisfunktio laskee alkuluvun 2 potenssilla jaollisten ja muiden alkulukujen potenssilla jaottomien pisteiden tiheyttä*

- *eeta-funktion nollakohdassa alkuluvun 2 potenssilla jaollisten ja parittomien alkulukujen potenssilla jaottomien pisteiden tiheys lähestyy ääretöntä*

Tämä selittää, miksi eeta- ja zeta-funktioiden nollakohdat ovat samat. Alkulukujen potensseilla jaollisten ja jaottomien pisteiden tiheysfunktioiden minimit ja maksimit sijoittuvat niissä samoihin kohtiin, jolloin luvussa 5 esitetty nollakohtien syntymekanismi antaa samat nollakohdat kummallekin funktiolle.

3.1 Huomio eeta-funktion suppenemiseen liittyen

Edellä oleva kuva havainnollistaa eeta-funktion ensimmäisen tekijän asemaa muiden tekijöiden vastapainona estämässä funktion hajaantumista erityisesti silloin, kun muuttuja y lähestyy arvoa nolla (kuva 3.4). Silloin ensimmäinen tekijän reaaliosa painuu voimakkaasti alle yhden. Tämän komponentin kyky hillitä hajaantumista pohjautuu siihen seikkaan, että joka toinen piste on parillinen, eli luvulla 2 jaollinen.

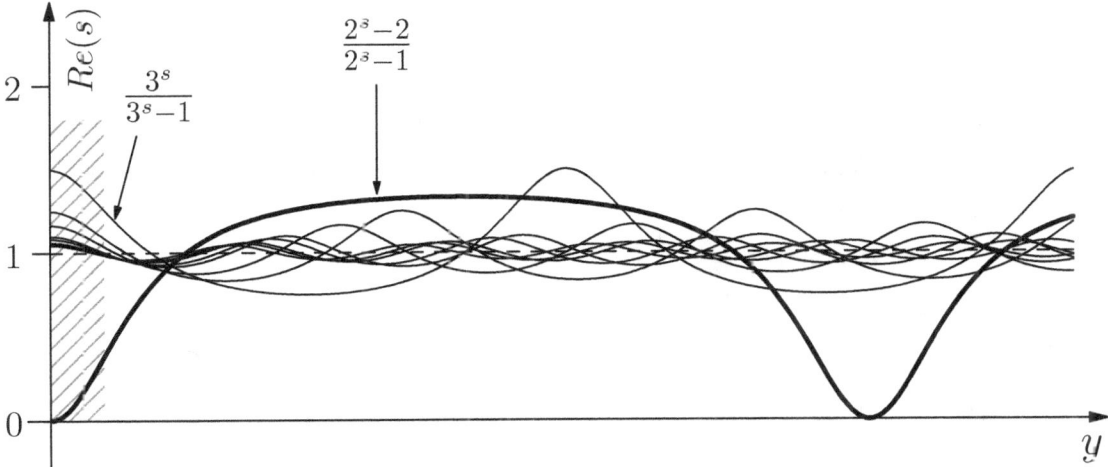

Kuva 3.4: Eeta-funktion ensimmäinen tekijän reaaliosa painuu lähelle suoraa $Re(s) = 0$. Tässä $x = 1$

4 Riemannin hypoteesin selitys

4.1 Arvon $x = 1/2$ merkitys zeta-funktiossa

Zeta- ja eeta-funktion nollakohtien taustalla vaikuttaa se lainalaisuus, että parittoman alkuluvun pituisen matkan puolivälissä on piste, jossa osuminen parittomaan alkulukuun on epätodennäköisintä ja että sama piste on aina jaollinen kahdella. Kuva 4.1 havainnollistaa sitä, että mikään muu kahdella jaollinen piste ei ole yhtä epätodennäköinen paikka osua kyseisellä alkuluvulla jaolliseen kohtaan.

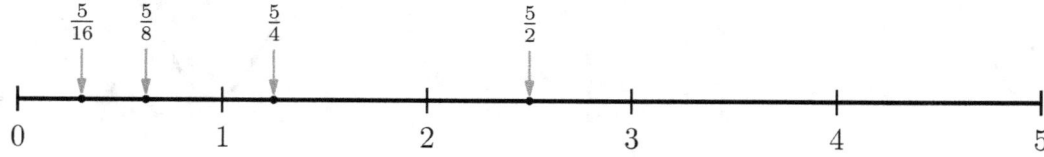

Kuva 4.1: Kahdella jaollisia pisteitä parittoman alkuluvun p pituisella matkalla (tässä $p = 5$)

Koska zeta- ja eeta-funktio on potenssifunktio, on samaa asiaa tarkasteltava logaritmisella asteikolla. Edellä olevan kuvan 4.2 avulla voidaan nähdä, kuinka logaritmisella asteikolla alkuluvun neliöjuurella on samankaltainen asema luvun $p/2$ kanssa. Siinä kohdassa todennäköisyys osua alkuluvun potenssilla jaolliseen pisteeseen on pienin.

- Jokaisella parittomalla alkuluvulla on vain yksi jaollisuuden minimipiste. Jos niitä olisi enemmän, kyseessä olisi useasta alkulukutekijästä koostuva kokonaisluku.

- Jokaisen parittoman alkuluvun potenssilla on vain yksi jaollisuuden minimipiste. Jos niitä olisi enemmän, kyseessä olisi useasta alkulukutekijästä koostuvan kokonaisluvun potenssi.

- Kaikilla parittoman alkuluvun potensseilla on jaollisuuden minimipiste samassa kohtaa $(p^{1/2})$. Jos yhdenkin parittoman alkuluvun kohdalla olisi toisin, ei zeta- eikä eeta-funktiolla olisi yhtäkään nollakohtaa muuttujan x arvolla puoli. Tämä johtuu siitä, että jokaisen nollakohdan syntyyn tarvitaan kaikkien alkulukujen potenssilla jaollisuuden minimipiste.

44

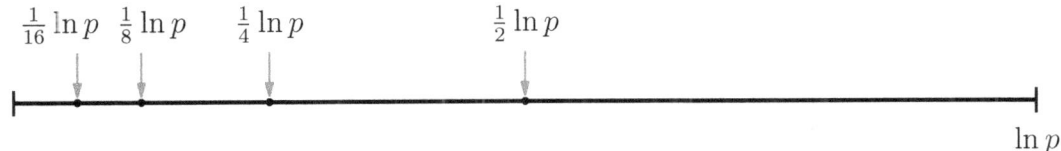

Kuva 4.2: Kahdella jaollisia pisteitä logarimitsella asteikolla matkalla $\ln p$

Kompleksilukuavaruudessa alkuluvulla jaollisuuden minimin tulee syntyä yhtäaikaa kahden dimension suunnassa ennen kuin zeta-funktion nollakohta voi syntyä. Tuollaisen minimin syntyminen on helpointa hahmottaa tilanteessa, jossa tarkasteltavat janat ovat pysty- ja vaaka-akselien suuntaisia. Silloin jaollisuuden minimipiste löytyy janojen keskipisteiden risteyskohdasta, kun janat leikkaavat toisiaan tuossa pisteessä (kuva 4.3). Nyt kuitenkin kannattaa ajatella pystyjanan taipuvan ympyräkaareksi, jossa asteikkona on kulma 2π. Silloin ympyräkaaren kulma π edustaa janan puoliväliä, jossa alkuluvulla (tai alkuluvun potenssilla) jaollisuus on minimissään. Koska nyt kyseessä on potenssifunktio, on hyödyllistä tarkastella molempia dimensioita logaritmisella asteikolla.

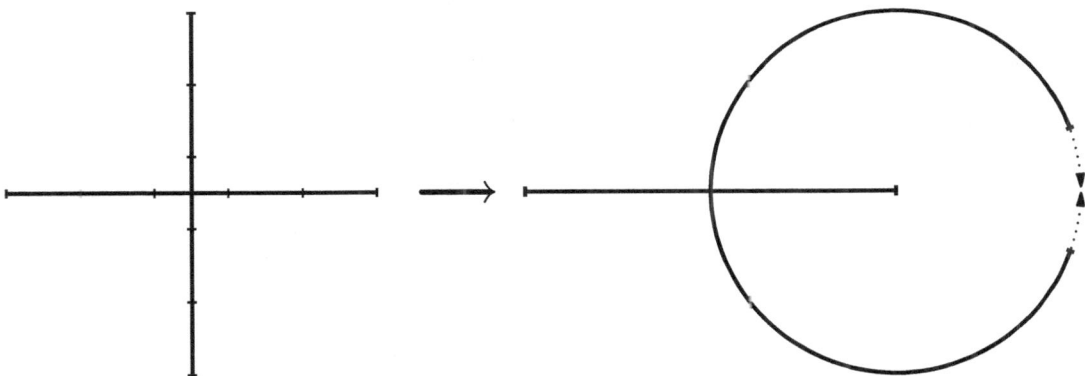

Kuva 4.3: Karteesisesta koordinaatistota siirrytään polaariseen

Edellä mainitun hahmottamiseksi saatetaan tarvita hieman kertausta siitä, miten käytettävä asteikko muuttuu kompleksiluvun potenssifunktiossa. Potenssifunktio kuvaa y-akselin suuntaisen suoran jaksolliseksi samaa kehää kiertäväksi ympyräksi, jonka säde riippuu suoran etäisyydestä y-akseliin (kuva 4.4). Samassa kuvauksessa x-akselin suuntainen suora kuvataan origosta säteittäisesti kulkevaksi suoraksi, jonka kulma riippuu suoran etäisyydestä x-akseliin.

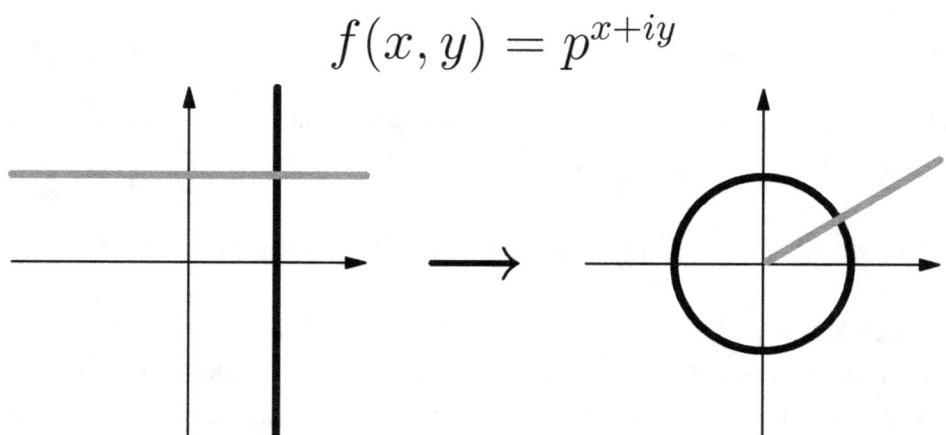

Kuva 4.4: Pisteiden kuvaus kompleksilukujen potenssifunktiossa

Arvon $x = 1/2$ erityisasema tulee siten siitä, että silloin kulman π monikertojen kohdalla osutaan pisteeseen, jossa parittoman alkuluvun potenssilla jaollisten pisteiden todennäköisyys ja tiheys on minimissään molempien dimensioiden suunnassa (kuva 4.5). Silloin kaikilla komponenteilla p^s:

- ympyräkehän suunnassa on kuljettu matka $((2n-1)/2)\pi \ln p$, $n \in \mathbb{N}$

- säteen suunnassa on kuljettu matka $\sqrt{p} = p^{1/2}$.

Tuolloin zeta- ja eeta-funktiolle voi syntyä nollakohta.

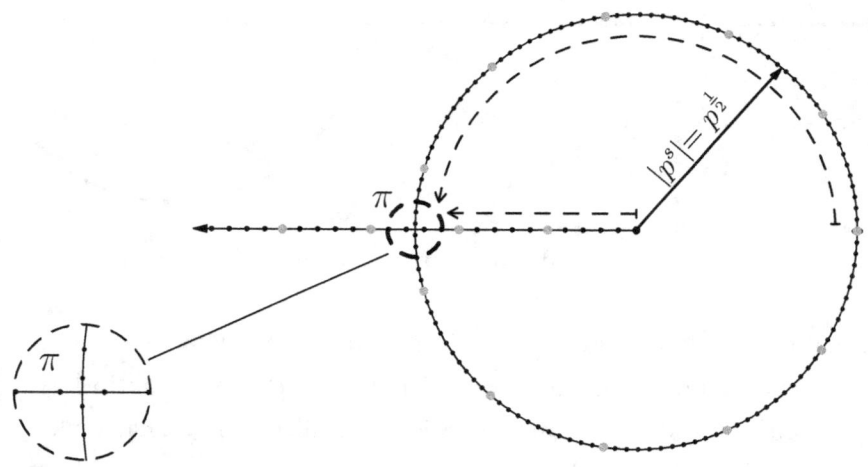

Kuva 4.5: Kun $x = 1/2$, jaollisuuden minimi saavutetaan molempien akselien suunnista kulman π kohdalla

Edellä oleva kuva havainnollistaa vielä sitä, kuinka tuohon minimipisteeseen voi osua vain kun $x = 1/2$. Olkoon suorakaide, jonka toinen sivu on 2π ja toinen sivu on P. Vektori a liikkuu suorakaiteen sisällä vaakasuunnassa oikealta vasemmalle siten, että vektori xP määrää sen korkeuden. Vektori xP on aina pystysuora, ja sen päätepiste on vektorin a päätepiste. Vain kun kerroin $x = 1/2$, voivat molemmat vektorit osua yhtäaikaan pisteeseen $1/2(2\pi, P)$. Sama pätee myös logaritmisessa asteikossa ja polaarikoordinaatistossa kuvan 4.5 mukaisesti.

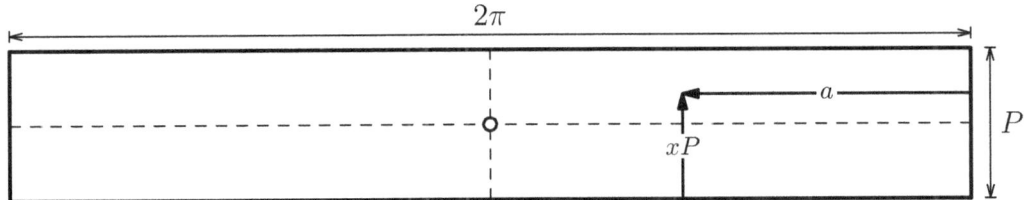

Kuva 4.6: Vektorit a ja xP osuvat yhtäaikaa keskipisteeseen vain kun $x = 1/2$

- Näistä seuraa, että *Riemannin hypoteesi on tosi.*

4.2 Zeta-funktion komponentit ja kulma π

4.2.1 Johdanto reaaliluku-funktioiden avulla

Nyt varmistetaan, että kaikki zeta-funktion komponentit p^s osuvat kulman π monikertojen kohdalle osuen alkuluvun potenssilla jaollisuuden minimiin molempien dimensioiden suunnassa. Ensin tarkastellaan alkuluvun potenssien sijaan asiaa alkulukujen monikertojen avulla. Ajatellaan tilannetta, jossa mielivaltaisen monta pistettä lähtee pisteestä nolla kulkemaan x-akselin suunnassa nopeudella kp, jossa p on alkuluku ja k on näille kaikille pisteille sama nopeuskerroin (kuva 4.7).

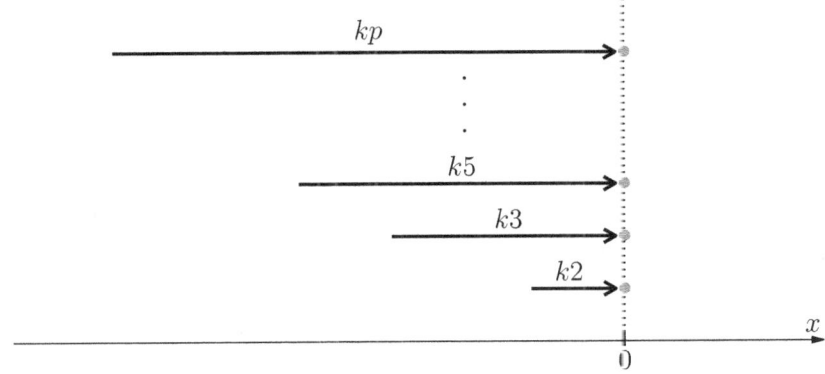

Kuva 4.7: Alkulukujen suhteessa liikkuvat pisteet

Olkoon nopeuskerroin $k = 1/2$. Tarkastellaan pisteiden kulkemaa matkaa funktioiden $f(x) = kpx$ avulla (k, $x \in \mathbb{R}$). Kuvassa 4.8 esitetään muutaman ensimmäisen pisteen matkafunktion kuvaajat. Kun muuttujan x arvo on pariton kokonaisluku, jokaisen parittoman alkuluvun funktion arvo osuu y-akselilla täsmälleen luvun $p/2$ monikerran kohdalle, missä on kaikkien pienin todennäköisyys löytyä parittomalla alkuluvulla jaollinen luku. Kun x on parillinen kokonaisluku, osuvat kaikki funktion arvot kokonaislukujen kohdalle, jolloin todennäköisyys alkuluvulla jaollisuuteen on 1.

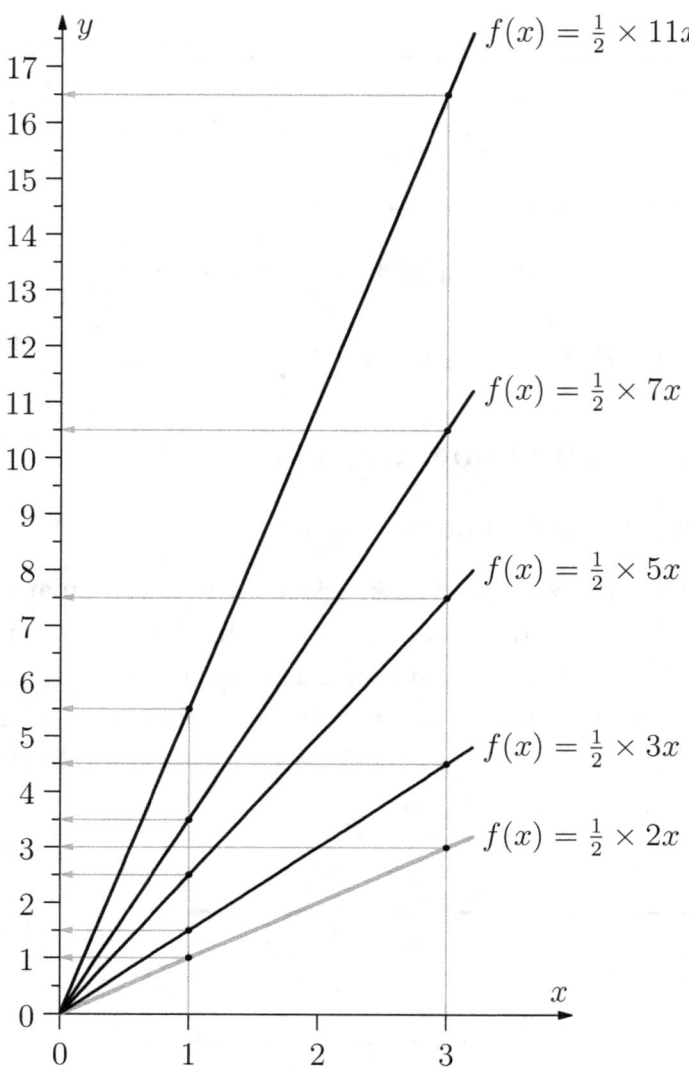

Kuva 4.8: Alkuluvun monikerroilla jaollisten pisteiden matkafunktioita kulmakertoimella puoli

Poikkeuksena on alkuluvun 2 matkafunktio $f(x) = (1/2)2x$, joka osuu aina kokonaisluvun kohdalle sekä parittomilla että parillisilla muuttujan x kokonaislukuarvoilla. Kertoimen k arvo $1/2$ on ainoa arvo, jolla kaikki parittomien kokonaislukujen matkafunktiot saadaan kaikilla muuttujan x parittomilla kokonaislukuarvoilla osumaan aina kokonaislukujen puoliväliin riippumatta mukaan otettavien eri alkulukujen matkafunktioiden määrästä. Tämän jälkeen siirrytään tutkimaan kompleksilukupotenssifunktioita.

4.2.2 Kompleksiluku-osafunktiot polaarikoordinaatistossa

Tarkastelemme komponentin $f(s) = p^s$ pisteiden kulkemaa matkaa polaarikoordinaatistossa ympyräkehää pitkin kuvan 4.9 avulla, kun pidämme muuttujan x arvon vakiona: $x = 1/2$. Vaaka-akselin suunnassa kuljetun matkan pituus korvataan ympyräkehän suunnassa kuljetun matkan pituudella P. Kehän pituus $P = \theta r$, jossa θ on kulma ja r on säde. Kulman θ arvo riippuu edellä mainitun potenssifunktion $p^s = p^{(x+iy)}$ muuttujan y arvosta seuraavasti: $\theta = y \ln p$. Säteen kaava on tässä $r = k \ln p$, koska käytetään logaritmista asteikkoa. Muuttuja k on samankaltainen kerroin kuin edellisessä vaakasuuntaan kulkevien pisteiden tarkastelussa, ja se on nyt samalla potenssifunktion $p^{(x+iy)}$ muuttuja x.

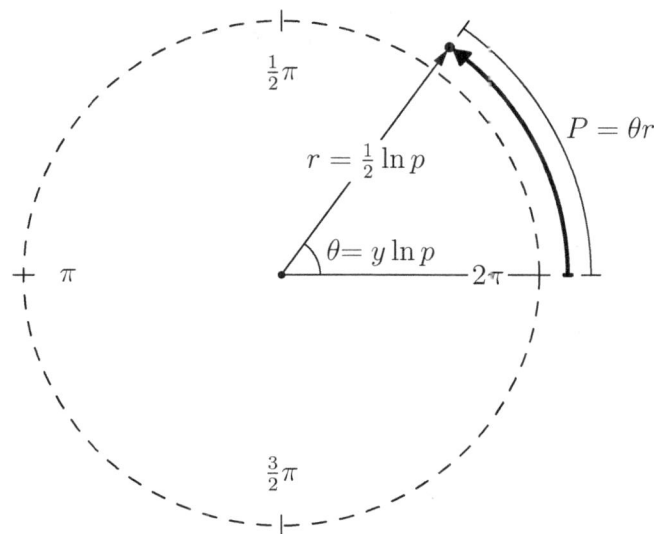

Kuva 4.9: Pisteen kulkema matka $P = \theta r$

Edellä olevassa kuvaajassa (kuva 4.10) tarkastellaan ympyräkehää kulkevien pisteiden kulkemaa matkaa kulman θ funktiona. Kuvaajan pystyakselille sijoitetaan kehämatka P, ja vaaka-akselille laitetaan kulma θ. Kuvasta voidaan todeta, että sekä pysty- että vaaka-akselilla on kertoimena π, joten se toimii tässä lähinnä asteikon skaalaajana. Siten kun $k = x = 1/2$, niin sama edellisessä luvussa todettu lainalaisuus on voimassa myös alkulukujen kompleksilukupotensseja käytettäessä.

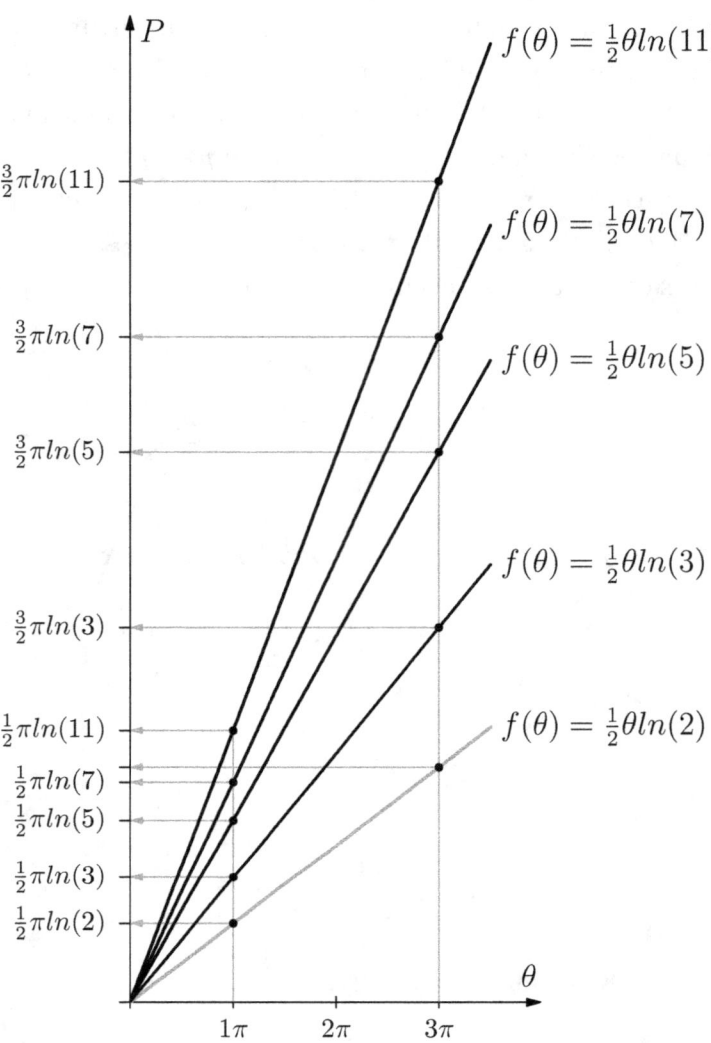

Kuva 4.10: Kompleksilukupotenssilla jaollisten pisteiden etäisyysfunktioita

Kaaviokuvasta nähdään, että muuttujan x arvolla $1/2$ jokainen parittoman alkuluvun osafunktio $f(\theta)$ voi osua arvoon $((2n-1)/2)\pi \ln p$, joka siis on tuolloin alkuluvun potenssilla jaollisuuden minimipiste molemman polaarikoordinaatiston dimension suunnassa. Tämä on mahdollista vain kulman arvoilla $(2n-1)\pi$, $n \in \mathbb{N}$. Poikkeuksena on zeta- ja eeta-funktion komponenttia 2^s edustava osafunktio $(1/2)\theta \ln 2$, joka saa sekä jaottomuutta että jaollisuutta edustavan maksimipisteensä kaikilla kulman arvoilla $n\pi$. Aikaisemmin todettiin eeta-funktion eroavan zeta-funktiosta vain siten, että se laskee luvulla 2^s jaottomien pisteiden sijaan niillä jaollisten pisteiden osuutta.

5 Nollakohtien sijainnista

Edellisessä luvussa todettiin, että kuvaan 5.1 merkityt pisteet A ja B ovat tärkeitä zeta- ja eeta-funktion nollakohtien synnylle. Funktion kaikkien parittoman alkuluvun komponettien p^s tulee osua pisteen A kohdalle siten, että alkuluvun kompleksilukupotenssila jaollisuus on minimissään. Komponentin 2^s toiminta on poikkeuksellinen, koska sille kulmat π ja 2π ovat samanarvoiset. Tämän vuoksi nollakohta voi syntyä sekä silloin, kun 2^s osuu pisteeseen A että silloin, kun se osuu pisteeseen B. Tämä poikkeama säännönmukaisuudessa on omiaan luomaan mielikuvaa siitä, että nollakohtien jakauma olisi satunnainen tai kaaosmainen

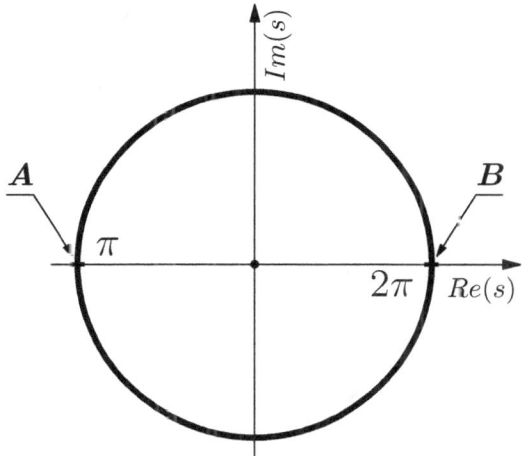

Kuva 5.1: Luvulla p^s jaottomien pisteiden tiheyden maksimipisteet

Jokaisen komponentin p^s *arvon* tulee osua näihin pisteisiin yhtäaikaa, jotta nollakohta syntyy. Tässä on siis hyödyllistä tiedostaa ero näiden komponenttien määrittelyjoukon ja arvojoukon välillä sekä se, että kyseessä on kuvaus tasolta tasolle. Ryhdytään tarkastelemaan kuinka syntyvät ja löytyvät nuo pisteet, joissa kaikki zeta-funktion komponenttien arvot ovat akselin $Re(s)$ suuntaiset. Tarkastelemme edellä nollakohtien sijaintia sekä zeta-funktion käänteisfunktion että zeta-funktion näkökulmasta. Tarkastelu perustuu siihen seikkaan, että zeta-funktio ei hajaannu pisteissä, joissa sen nollakohdat syntyvät, kun liikutaan määrittelyjoukon muuttujan x arvovälillä $(0,1)$.

5.1 Nollakohdan sijainti zeta-funktion käänteisfunktion näkökulmasta

Luvussa 2.2.5 esitettiin uusi esitytapa zeta-funktion käänteisfunktiolle (kaava 2.7):

$$\frac{1}{\zeta(s)} = 1 - \sum p_i^{-s} + \sum_{i \neq j}(p_i p_j)^{-s} - \sum_{i \neq j \neq k}(p_i p_j p_k)^{-s} + \cdots + \prod_p p_i^{-s}.$$

Sen todettiin olevan alkulukujen potenssilla jaottomien pisteiden tiheyttä laskeva funktio. Kun kaikki funktion komponentit p^s osuvat yhtäaikaa kulman $(2n-1)\pi$ kohdalle (ja 2^s osuu kulman $n\pi$ kohdalle), funktion viimeinen termi $\prod_p p_i^{-s}$ lähestyy rajatta ääretöntä. Silloin zeta- ja eeta-funktiot saavat nollakohtansa (kuva 5.2), eli muuttujan y arvot ovat tuolloin 14.1347.., 21.0220.., 25.0108.., jne.

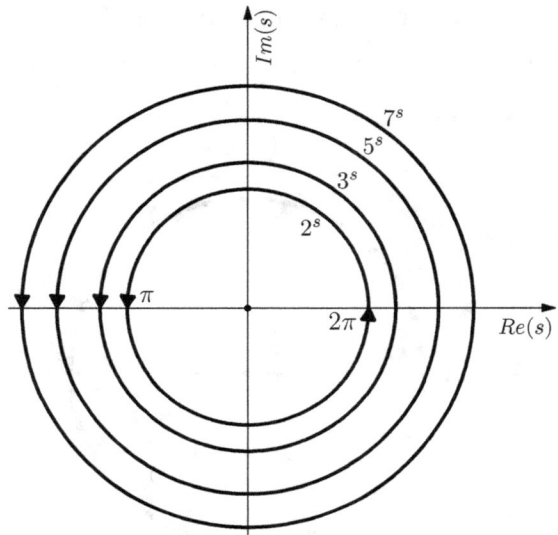

Kuva 5.2: Nollakohdissa kaikki komponentit p^s ovat kulman π tai 2π monikerran kohdalla yhtäaikaa

Termin $\prod_p p_i^{-s}$ määräämien nollakohtien sijainnit löytyvät kertomalla suuruusjärjestyksessä keskenään komponenttien p^s toisiaan lähimpänä olevat reaaliosien minimipisteet. Seuraavassa kuvassa 5.3 näkyy seitsemän ensimmäisen tekijän p^s reaalilosan minimipisteet, jotka ovat lähinnä zeta-funktion ensimmäistä nollakohtaa. Koska tekijöiden määrä on ääretön, on keskenään kerrottavia minimipisteitäkin ääretön määrä.

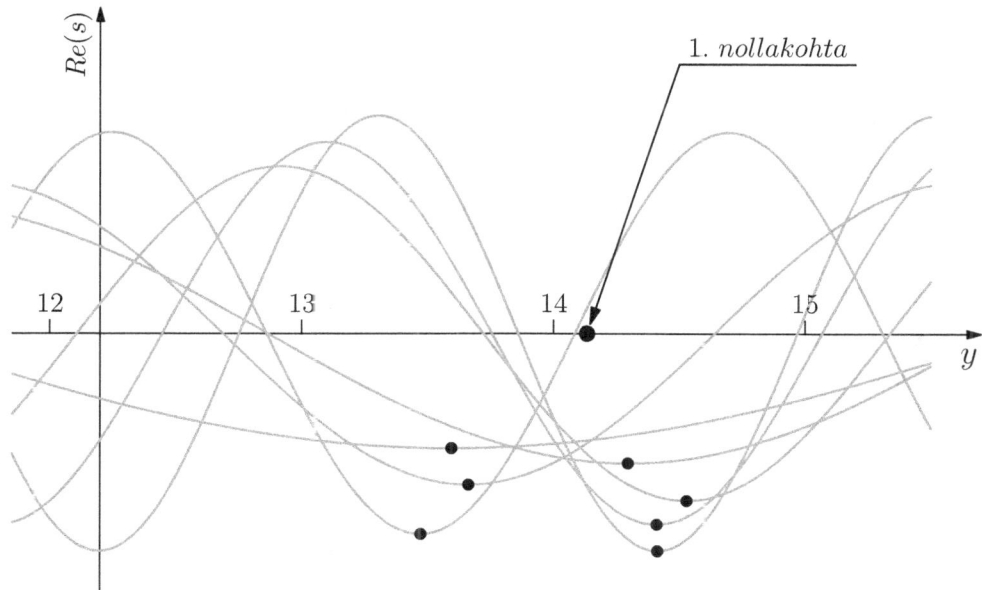

Kuva 5.3: Ensimmäistä nollakohtaa lähinnä olevia reaaliosan minimipisteitä

Valitaan aluksi muuttujan y arvo, jossa 2^s saa reaaliosan miniminsä ennen ensimmäistä nollakohtaa. Tuolloin y:n arvo on $3\pi/\ln 2$, ja argumentin arvo on 3π. Seuraavaksi valitaan sitä lähinnä oleva komponentin 3^s lähin reaaliosan minimi. Se osuu jonkin verran ensimmäisen nollakohdan jälkeen, y:n arvolla $5\pi/\ln 3$, ja argumentin arvo on 5π. Nämä ensimmäisten komponenttien pisteet on esitetty edellä kuvassa 5.4.

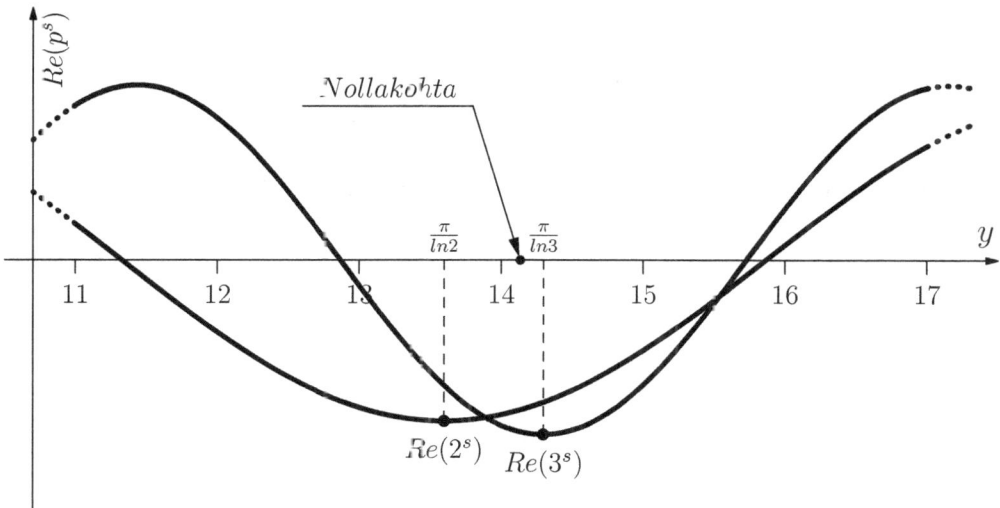

Kuva 5.4: Komponenttien 2^s ja 3^s reaaliosien minimit lähellä zeta-funktion ensimmäistä nolla-kohtaa

Näiden komponenttien lähin kohta, jossa ne ovat yhdensuuntaiset reaalilukuakselin kanssa, löytyy kertomalla ne keskenään. Kompleksilukujen tulon sääntöjen mukaisesti tulon argumentti on tekijöiden argumenttien summa, ja itseisarvo on tekijöiden itseisarvojen tulo. Siten argumentti on $3\pi + 5\pi = 8\pi$, ja itseisarvo on $\sqrt{6}$, kun $x = 1/2$. Kuva 5.5 näyttää, miten tuon pisteen muuttujan y arvo osuu lähelle ensimmäistä nollakohtaa.

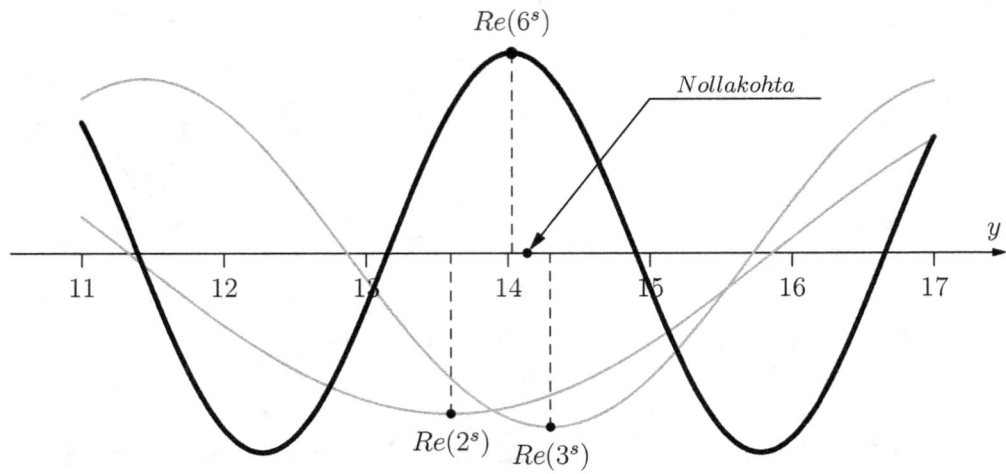

Kuva 5.5: Tulon $(2 \times 3)^s = 6^s$ kuvaaja lähellä ensimmäistä nollakohtaa

Muutama huomio tulosta $(2 \times 3)^s = 6^s$:

- kun tekijöiden 2^s ja 3^s etäisyydet niiden tuloon 6^s ovat y-akselin suunnassa a ja b (kuva 5.6 edellä), on etäisyyksien suhde $a/b = \ln 3/\ln 2$. Se on etäisyys, jossa lukujen 2^s ja 3^s tulolla jaollisten pisteiden esiintymistodennäköisyys on pienin

- komponenttien p_i^s ja p_{i+1}^s minimipisteiden tulon piste sijaitsee aina tekijöiden minimipisteiden välissä, lähempänä itseisarvoltaan suurempaa tekijää

- tulon itseisarvon etumerkki riippuu tekijöiden etumerkeistä. Tässä tulo on positiivinen, kun molemmat tekijät ovat negatiiviset

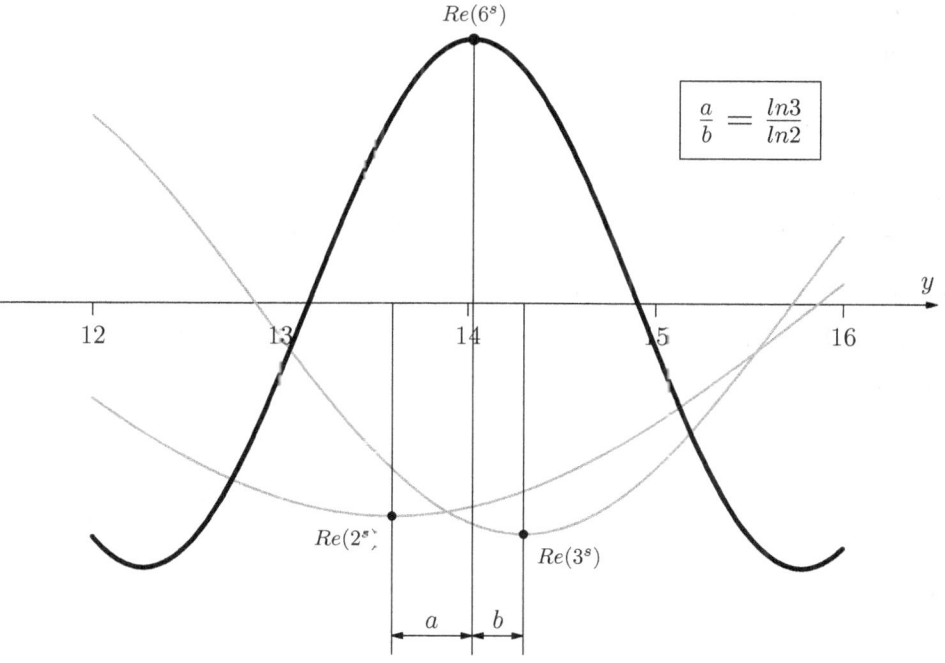

Kuva 5.6: Tekijöiden p_i^s, p_{i+1}^s tulon ja tekijöiden etäisyyksien suhde on $\ln p_i / \ln p_{i+1}$

Kun laskentaa jatketaan kertomalla tekijän 5^s lähin minipiste edellisten tulon tuloksena syntyneellä pisteellä, saavutaan komponentin 30^s pisteeseen, jossa kaikkien kolmen tekijän argumentti on kulman π monikerta. Tämä näytetään seuraavassa kuvassa 5.7.

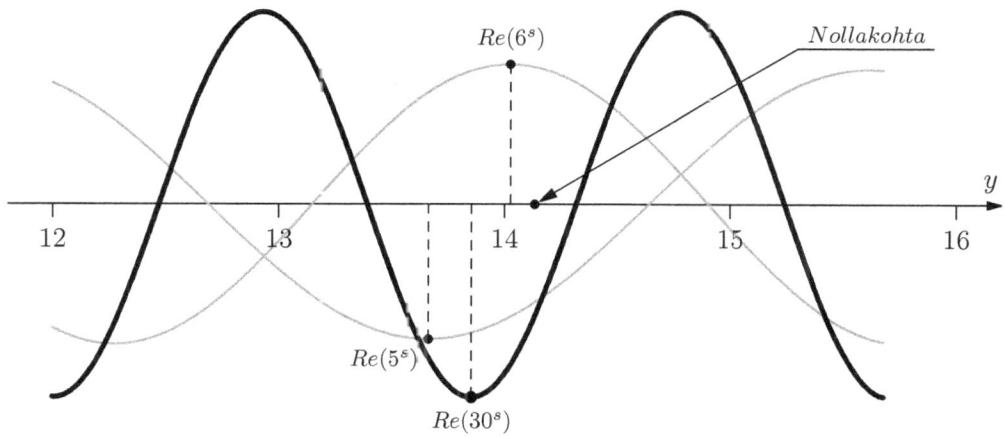

Kuva 5.7: Edellisen tulon piste kerrotaan tekijän 5^s lähimmällä minimillä

Nyt saatu piste on vaaka-akselilla kauempana ensimmäisestä zeta-funktion nollakohdasta kuin edellisen komponenttien tulon tuloksena saatu piste. Tässä nähdään käytännössä, miten nollakohtaa ei lähestytä tasaisesti, vaan välillä taka-askelia ottaen. Osafunktioiden p^s reaaliosien minimipisteiden tulojen määrän kasvaessa piste lähestyy kuitenkin nollakohtaa rajatta.

Suppenemisen aiheuttavat seuraavat seikat:

- tulon tekijöiden p^s aallonpituudet lyhenevät jokaisella kerralla

- tulon arvopiste sijoittuu vaaka-akselin (y-akseli) suunnassa aina tulon tekijöiden minimipisteiden väliin, lähestyen joka kerralla yhä lähemmäs edellisen tulon tulosta

Osafunktion 7^s minimikohdan kertomisen tulos on näytetty seuraavassa kuvassa 5.8. Kuvaa on skaalattu matalammaksi, koska tulon maksimikohdan arvo kasvaa nopeasti. Jokaisella iteraatiokerralla tuloksen itseisarvon etumerkki vaihtuu.

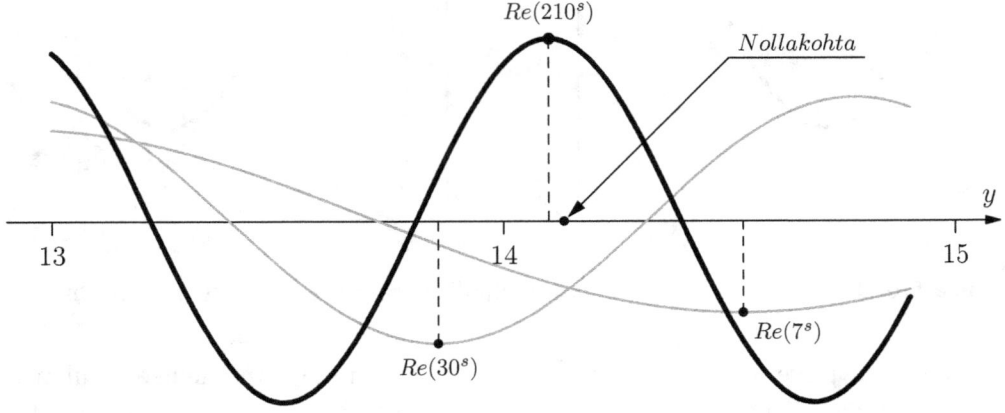

Kuva 5.8: Seuraava iteraatio tekijällä 7^s

Tämä iteraatio on vuorostaan vaaka-akselin suunnassa selvästi lähempänä nollakohtaa. Näin jatkamalla päästään mielivaltaisen lähelle zeta-funktion (ja eeta-funktion) ensimmäistä nollakohtaa. Edellä on vielä (voimakkaasti skaalattu) kuva, jossa on päästy tekijään 31^s asti.

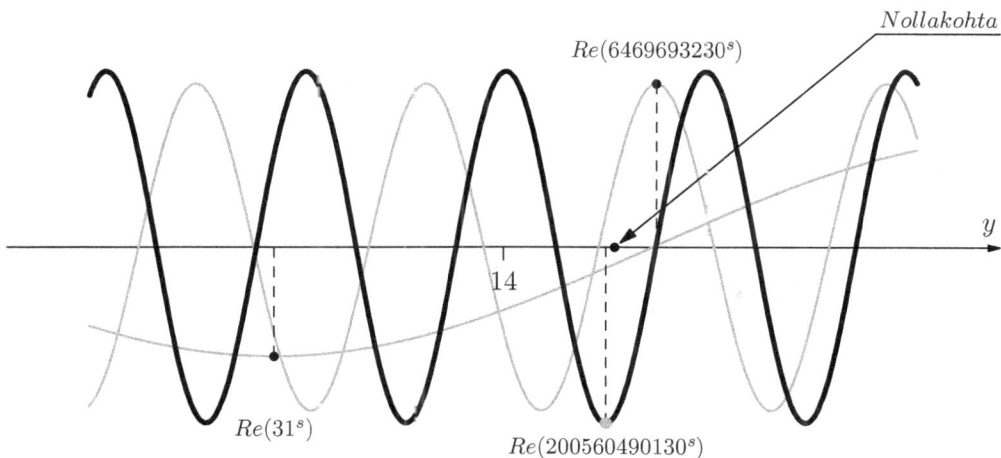

Kuva 5.9: Iteraatio tekijällä 31^s

Nollakohdan muuttujan y-arvon voi siis etsiä vaiheittain haluamallaan tarkkuudella seuraavasti:

- valitse osafunktion 2^s reaaliosan minimikohta tai maksimikohta $y = \pm n\pi / \ln 2$

- kerro tuo piste lähinnä olevan osafunktion 3^s reaaliosan minimikohdalla
  $y = (\pm(2n - 1)\pi)/\ln 3$

- jatka tätä niin monella tekijällä p^s, kuin nollakohdan sijainnin määritystarkkuus vaatii

Zeta- ja eeta-funktion imaginääriosa on itse asiassa jo nolla ennen kuin ollaan kaavan (2.7) viimeisen termin kohdalla, koska kaavan viimeinen termi $\prod_p p_i^{-s}$ koostuu nollakohdassa reaalilukujen tulosta. Edellä oleva kuva havainnollistaa sitä, että tekijöiden tulon argumentin sini on aina nolla eli imaginääriosa on nolla.

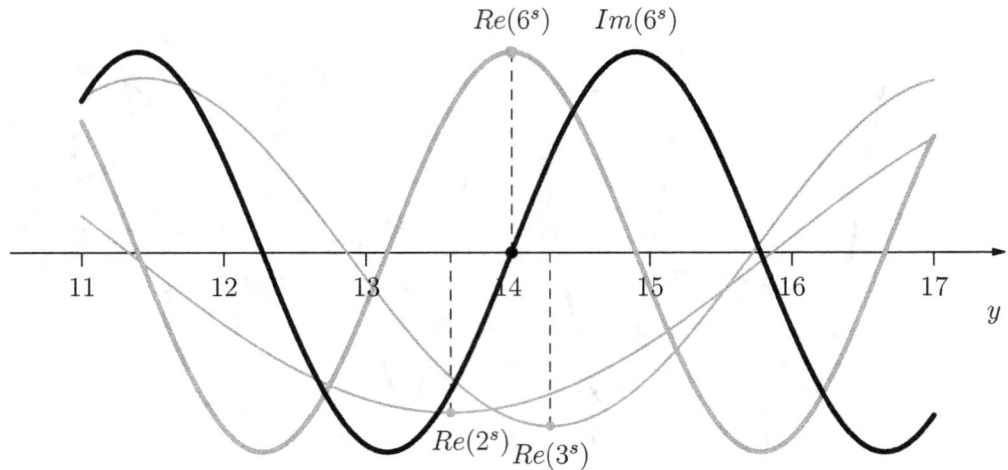

Kuva 5.10: Nollakohdassa viimeisen termin tekijöiden tulon imaginääriosa on aina nolla

5.2 Nollakohdan sijainti zeta-funktion näkökulmasta

Edellä kuva 5.11 havainnollistaa, kuinka osafunktioiden p^s ja $p^s/(p^s-1)$ reaalilukuosien minimit ja maksimit osuvat aina samoille kohdille (kun p on sama alkuluku molemmissa osafunktioissa). Tämän vuoksi voidaan todeta, että kertomalla zeta-funktion Eulerin tulomuodon komponentteja $p_i^s/(p_i^s-1)$ kasvavalla alkulukujen määrällä i , ja valitsemalla edellisen kappaleen esimerkin mukaisesti keskenään kerrottavien tekijöiden argumentin arvoksi toisiaan lähinnä olevien reaalilukuosien minimipisteet, päästään mielivaltaisen lähelle yhtä zeta- ja eeta-funktion nollakohtaa. Samoin kuin edellä, voidaan tulon laskenta aloittaa myös ensimmäisen tekijän $2^s/(2^s-1)$ maksimikohdasta sen minimikohdan sijaan.

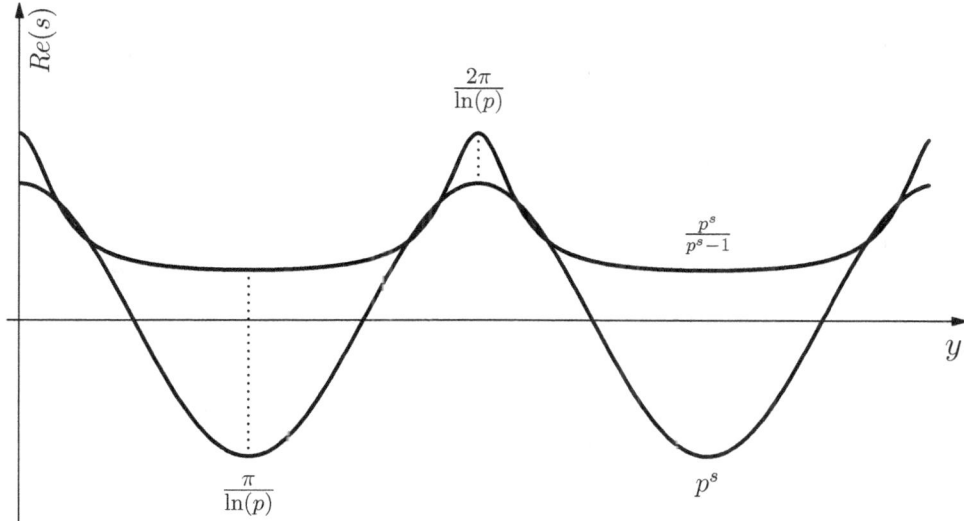

Kuva 5.11: Reaaliosien minimit ja maksimit ovat samoilla muuttujan y arvoilla

Koska kompleksiluku on kulman arvolla $\pm n\pi$ aina reaaliluku, voidaan todeta zeta-funktion Eulerin tulomuodon pohjalta, että zeta-funktion *nollakohdan itseisarvot synty-vät äärettömän monen reaaliluvun tulona*:

$$|\zeta(s_r)| = \frac{\pm\sqrt{2}}{\pm\sqrt{2}-1} \times \frac{-\sqrt{3}}{-\sqrt{3}-1} \times \frac{-\sqrt{5}}{-\sqrt{5}-1} \times \cdots,$$

Missä s_r on arvo, jolla saavutetaan zeta-funktion n:s nollakohta. Tulo lähestyy rajatta nollaa, koska jokaisen tekijän nimittäjä on osoittajaa suurempi. Nollakohdan napakulma eli argumentti lähestyy zeta-funktion Eulerin muodon osoittajana olevan tulon $2^s 3^s 5^s \cdots$ tekijöiden toisiaan lähimpien reaaliosan minimikohtien argumenttien summaa. Tekijän 2^s osalta myös maksimikohdan argumentti käy. Näin määräytyy zeta-funktion nollakohdan muuttujan y arvo:

$$\arg(\zeta(s_r)) = \arg(\min, \max(Re(2^{s_1}))) + \arg(\min(Re(3^{s_2})))\text{i} + \arg(\min(Re(5^{s_3}))) \cdots$$

Yksi tapa kuvata näiden tekijöiden minimikohtien tulon lähestymistä kohti nollakoh-taa on alla olevassa kuvassa 5.12. Siinä on näytetty zeta-funktion Eulerin tulomuodon 25 ensimmäisen tekijän $p_i^s/(p_i^s - 1)$ tulon tuloksena syntyvän pisteen reaaliosan lähesty-misen kohti nollakohtaa koordinaatistossa, jossa pystyakselina on tulon reaalilukuosa ja vaaka-akselina on tulon argumentin avulla saatu muuttujan y arvo. Muuttujan x arvo on luonnollisesti puoli. Kukin osatulo on laskettu käyttäen komponentin p_i^s reaaliosan sitä minimikohtaa, joka on lähinnä zeta-funktion ensimmäistä nollakohtaa.

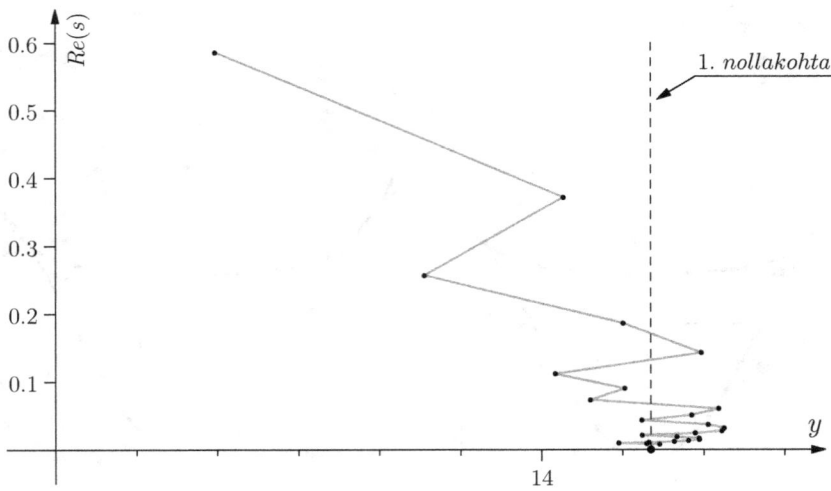

Kuva 5.12: Eulerin tulomuodon 25 ensimmäisen tekijän pistettä lähestymässä 1. nollakohtaa

Seuraava kuva 5.13 havainnollistaa nollakohtien 13, 14, 15 ja 16 syntyä. Neljästoista nollakohta (kuvassa kohta r_{14}) lähtee syntymään, kun otetaan pisteestä C osafunktion 2^s maksimipiste ja pisteestä B löytyvä osafunktion 3^s minimipiste. Kun kerrotaan $2^s/(2^s-1) \times 3^s/(3^s-1)$ näiden pisteiden osalta, alkaa osafunktioiden $p^s/(p^s-1)$ minimikohtien tulojen lähestyminen kohti kohtaa r_{14}. Kun saman pisteen C tekijän $2^s/(2^s-1)$ kertoo pisteessä D (osafunktion 3^s seuraava minimi) tekijällä $3^s/(3^s-1)$, alkaa tulojen lähestyminen kohti viidettätoista nollakohtaa r_{15}. Nollakohdat r_{13} ja r_{16} lähtevät kumpikin syntymään, kun osafunktioiden 2^s ja 3^s minimipisteiden A ja B sekä minimipisteiden D ja E kohdilla tekijät $p^s/(p^s-1)$ kerrotaan keskenään.

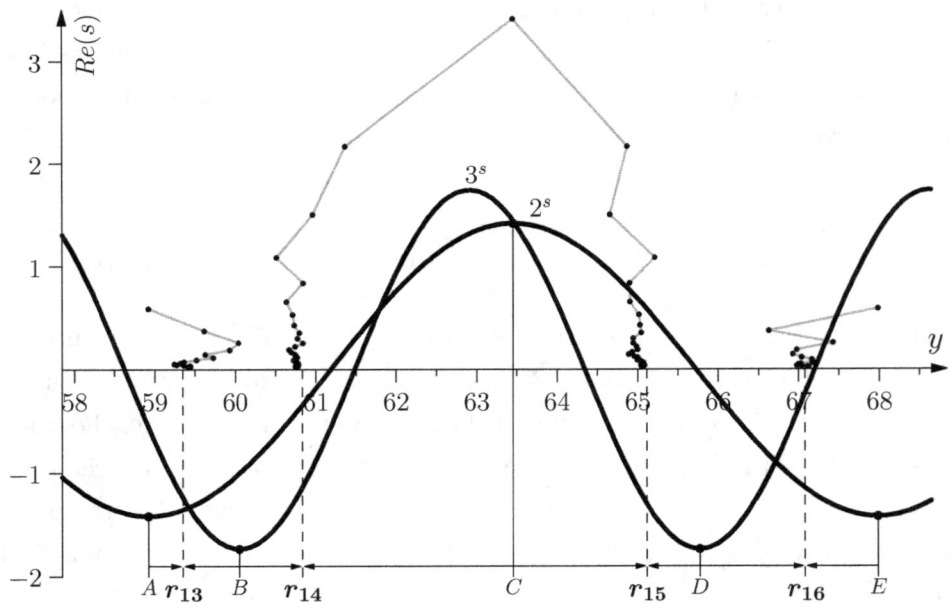

Kuva 5.13: Nollakohtien 13, 14, 15 ja 16 syntyminen

6 Chebychevin funktiosta

Syventymättä asiaan sen enempää totean lopuksi, että tässä tutkimuksessa esitetty Riemannin zeta-funktion nollakohtien selitys näyttäisi tuovan luontevan selityksen myös Chebychevin toisen funktion $\psi(x)$ eksplisiittiseen esitysmuotoon [3, (s. 343)], jonka Hans Carl Friedrich von Mangoldt todisti v. 1895:

$$\psi(x) = x - \sum_{\rho} \frac{x^\rho}{\rho} - \ln 2\pi - \frac{1}{2}\ln(1 - x^2). \tag{6.1}$$

Siinä ρ merkitsee kaikkia Riemannin zeta-funktion epätriviaaleja nollakohtapareja (sekä positiivisilla että negatiivisilla y:n arvoilla). Tuo yhtälö on tunnettu siitä, että sen kuvaaja hypähtää ylöspäin askelin kohdissa, jotka vastaavat alkulukuja ja niiden kokonaislukupotensseja. Edellä olevassa kuvassa 6.1 funktion kuvaajan alkuosaa on laskettu sadan ensimmäisen nollakohtaparin tarkkuudella.

Funktion ensimmäinen termi x on kaikkien alkuluvun potenssilla jaollisten lukujen "spektri" e^x, joka on tässä logaritmisessa asteikossa pelkkä x. Seuraava termi $\sum_{\rho} x^\rho/\rho$ suodattaa siitä pois kaikki alkuluvun potenssilla jaottomat osat. Jäljelle jää vain edellä olevan kaavion näyttämä alkulukujen potensseilla jaollinen osuus. Zeta-funktion nollakohtaparien käyttö aiheuttaa sen, että imaginääriosat kumoavat toisensa, jolloin kaavan 6.1 toisesta termistä jää jäljelle vain sen reaaliosa. Termin $\ln 2\pi$ vähentäminen tuloksesta vastaa jakamista luvulla 2π ei-logaritmisella asteikolla. Tässä se muuntaa kulman radiaaniasteikolla olevat arvot karteesiseen koordinaatistoon.

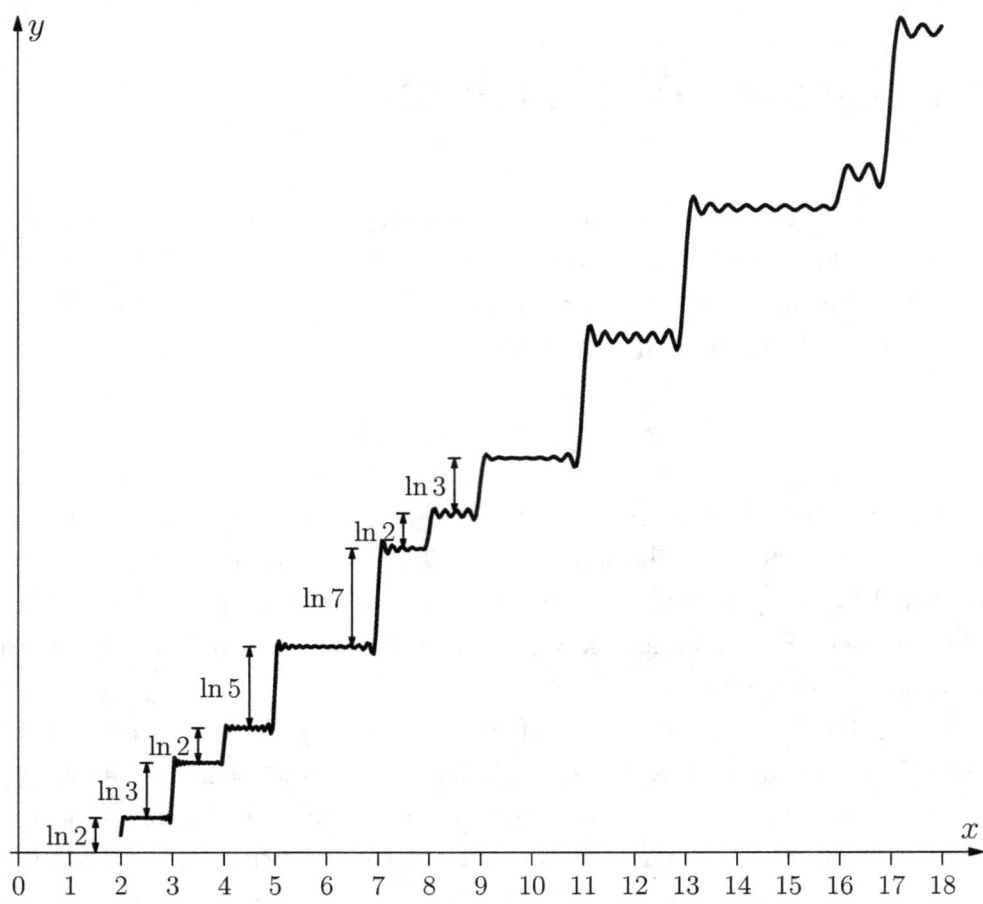

Kuva 6.1: Funktion kuvaaja hyppää alkuluvun logaritmien suuruisin askelin[3]

Kirjallisuutta

[1] Borwein, P., Choi, S., Rooney, B. ja Weirathmueller, A. The Riemann Hypothesis: A Resource for the Afficionado and Virtuoso Alike. New York: Springe Science + Business Media, 2008. ISBN 978-0-387-72125-5.

[2] Derbyshire, J. Alkulukujen lumoissa: Bernhard Riemann ja matematiikan suurin ratkaisematon ongelma. (Alkuteos: Prime Obsession: Bernhard Riemann and the Greatest Unsolved Problem in Mathematics, 2003.) Suomentanut Juha Pietiläinen. Helsinki: Terra Cognita, 2006. ISBN 952-5202-75-5.

[3] Conrey, J.B. The Riemann Hypothesis, Notices of the American Mathematics Society 50, 2003. http://www.ams.org/notices/200303/fea-conrey-web.pdf.

www.ingramcontent.com/pod-product-compliance
Lightning Source LLC
Chambersburg PA
CBHW081817220526
45472CB00007B/1716